普通高等院校"十三五"规划教材
西南交通大学 2016 年立项建设教材项目

心理咨询技能训练

马淑琴　冉俐雯　编著

西南交通大学出版社
·成都·

图书在版编目（CIP）数据

心理咨询技能训练／马淑琴，冉俐雯编著. 一成都：
西南交通大学出版社，2019.5（2024.8 重印）
普通高等院校"十三五"规划教材
ISBN 978-7-5643-6840-1

Ⅰ. ①心… Ⅱ. ①马… ②冉… Ⅲ.①心理咨询 – 高
等学校 – 教材 Ⅳ. ①B849.1

中国版本图书馆 CIP 数据核字（2019）第 076230 号

普通高等院校"十三五"规划教材
心理咨询技能训练
马淑琴　　冉俐雯　**编著**

责任编辑	梁　红
封面设计	原谋书装
出版发行	西南交通大学出版社 （四川省成都市金牛区二环路北一段 111 号 西南交通大学创新大厦 21 楼）
发行部电话	028-87600564　028-87600533
邮政编码	610031
网址	http://www.xnjdcbs.com
印刷	四川森林印务有限责任公司
成品尺寸	210 mm × 285 mm
印张	8.5
字数	176 千
版次	2019 年 5 月第 1 版
印次	2024 年 8 月第 5 次
书号	ISBN 978-7-5643-6840-1
定价	25.00 元

前　言

2011 年，我为应用心理学本科的同学开设"心理咨询技能训练"课程，当时几乎没有头绪，没有教材，在教学中只有使用一些复印资料，之后慢慢整理资料，编成讲义，后来就有了现在这本教材。

心理咨询理论和技术发展到现在，流派纷呈，技术各异。《心理咨询技能训练》作为应用心理学本科生的教材，是针对心理咨询最基本的技能部分的训练。主要包括结构化技术、关系建立技术、参与性技术和影响性技术，介绍其主要功能和要领，并结合案例进行相关的训练；以及通过体验，介绍常见的咨询方法，如角色扮演、空椅技术、沙盘、绘画等。

本书旨在促使学生达成以下学习目标：（1）掌握心理咨询的基本技术，包括结构化技术、倾听技术、内容反映和情感反映技术、具体化技术、共情技术、探询技术、立即性技术、自我表露技术和面质技术、解释技术、提供信息技术等。（2）熟悉心理咨询的一些常用技术，如角色扮演技术、空椅技术等。（3）了解沙盘、绘画等常用咨询技术。

通过学习本书，编者希望同学们在具备相应的心理学知识的基础上，掌握心理咨询方面的基本技能，为专业发展奠定良好的基础，有利于将来从事心理辅导、心理咨询与治疗、行为矫正、人力资源开发与管理、社会心理服务等工作。

在教材出版之际，我要感谢学校教务处为教材出版立项，促进教材的编写；感谢上过课的同学为教材的编写提供了宝贵的意见；感谢合作者冉俐雯老师，其承担了教材部分内容的编写和审校工作，使得教材终于完成。

路漫漫其修远兮，吾将上下而求索。当前全民心理卫生运动正蓬勃开展，对心理咨询工作者的需求越来越强烈，希望教材能够不断改进，在培养相关人才方面尽绵薄之力。

马淑琴

2019 年 4 月 1 日

目 录

第一章　绪　论

心理咨询（counseling）是指运用心理学的方法，对心理适应方面出现问题并企求解决问题的求询者提供心理援助的过程。需要解决问题并前来寻求帮助者称为来访者或者咨客，提供帮助的咨询专家称为咨询师。来访者就自身存在的心理不适或心理障碍，通过语言文字等交流媒介，向咨询师述说，并询问咨询师的意见，与咨询师就自身问题进行商讨，在咨询师的支持和帮助下，通过共同的讨论找出引起心理问题的原因，分析问题的症结，进而寻求摆脱困境、解决问题的方法和对策，以便恢复心理平衡，提高对环境的适应能力以及增进身心健康。

对心理咨询的解释可以分为广义和狭义。广义的心理咨询包括心理咨询和心理治疗，有时心理检查、心理测验也被列为心理咨询的范围。狭义的心理咨询不包括心理治疗和心理检查、心理测验，只局限于咨访双方通过面谈、书信、网络和电话等手段向来访者提供心理救助和咨询帮助。

在开始学习心理咨询基本技能之前，我们要先熟悉和了解心理咨询的一般过程，以及做好咨询前的准备工作。

一、了解心理咨询的过程

心理咨询的过程包括如下阶段：

1．进入与定向阶段

（1）建立辅导关系。

（2）搜集相关资料，便于初步界定问题，明确辅导需要。

（3）初步了解当事人的个人、环境资源；做出接案决定；做出辅导安排。

2．问题——个人探索阶段

（1）建立良好的关系。

（2）搜集有关资料，以进一步界定和解决问题。

（3）协助当事人进行自我探索，深入了解当事人。

3．目标与方案探讨阶段

（1）激发当事人改变动机。

（2）处理好当事人的期望和目标的关系。

（3）咨询师要明了现有的干预手段和自己能力的局限。

（4）咨询目标的确定要以当事人为主，咨询师起辅助作用。

4. 行动/转变阶段

（1）避免让当事人变成一种被动、接受、依赖的角色。

（2）保持灵活性。

（3）要注意治疗收获在实际生活中的迁移应用情况。

（4）行动/转变阶段要经常进行评估，即根据已确定的目标，了解咨询和治疗实际上有多大进展。

5. 评估/结束阶段

（1）评估目标收获。

（2）处理关系结束的问题：分离焦虑。

（3）为学习的迁移和自我依赖做准备。

（4）最后一次会谈。

二、心理咨询前的准备

心理咨询对环境的要求很高，咨询室的布置应该给人宁静、和谐、温馨的感觉，使来访者一走进咨询室就感到轻松和舒畅。

心理咨询师在开始心理咨询前要做好心理准备工作。

首先，对心理咨询师角色的认识。

心理咨询师是运用心理学以及相关知识，遵循心理学原则，通过心理咨询的技术与方法，帮助求助者解除心理问题的专业人员。心理咨询师在心理咨询中秉承"助人自助"的原则，因此，心理咨询的人际关系有如下特点：（1）咨访关系的建立和发展是以求助者迫切需要得到帮助、主动来访为前提的。（2）咨访关系是在特定地点和时间内建立的具有隐蔽性和保密性的特殊关系。（3）咨访关系是一种治疗联盟，它能给予当事人心灵上的震动，使其重新认识自我，并进行调节。（4）由于咨访关系没有一般人际关系所具有的利害冲突与日常瓜葛，因此，这种关系是强有力的，也是非常有效的。

心理咨询是以会谈的形式进行的，要求咨询师应用心理学的有关知识和技术来分析当事人的心理问题，并提供相应的帮助。可以说，心理咨询是一系列心理学的活动过程，包含咨询师对来访者的共情与关注，包含咨询师对来访者的问题的分析与评估，包含咨询师应用各种心理咨询的理论和技术，如合理情绪、心理分析、行为矫正、当事人中心等方法来帮助来访者。所以，咨询师必须是经过专业训练的。

心理咨询师能够帮助来访者分析内心的心理矛盾和冲突，探讨影响其情绪和行为的原因，协助他们自我改变。咨询中，对来访者进行的帮助包括确立目标、提出解决的方案与措施、协助来访者重新认识自我以及改变行为等。

其次，对自身价值观的澄清。

有人认为咨询师应持完全中立的态度，不应带有任何自己的价值观念。实际上，在咨询过程中，咨询师自身持有的价值观是无可隐藏的。来访者经常会问咨询师：如果是你遇到这样的事，你会怎么办？问题的关键在于，咨询师应清楚自己所持的价值取向是什么，咨询师应注意如何去表达自己的价值观念，以避免把自己的价值观中不合理的内容不自觉地施加给求助者，从而引起可能的错误导向。

最后，对"上帝情结"的觉察。

"拯救者情结"，又叫"上帝情结""助人情结""救世主情结"，是咨询师应尽力避免的。请看下面一个案例：

如果心理咨询师的"拯救者情结"或者"上帝情结"犯了，那将是非常危险的。有些人，其实我也是，我以前也是这种心态，不能说有些人，就说我自己吧，我当初进入这个行业做心理咨询时，我就想，我要学一门很厉害的技术，如果发现一些人有心理问题，我就用这个"神奇"的技术去帮助他们，让他们脱离苦海。但实际上真是栽了一个又一个跟头，历经沧桑，一遍一遍地打脸，不是我打别人的脸，而是别人打我的脸，还被打得晕头转向，最后我绝望了，原来我谁也帮不了！我为什么这么想去帮助别人呢？实际上我发现原来是我想拯救内在的那个我。可是我又不愿意去面对内在的我，不愿意去面对内在的那个痛苦的我。所以，我就想去拯救别人。我以为学了一点心理学知识，学了一点技术，就已经通晓心理学，通晓心理咨询，就可以去帮助别人了，可最后才发现我连自己都不了解，常常把自己带进沟里。在那个沟里我还对自己说：我不是在帮你吗？我这么辛辛苦苦地帮你，最后你还不领情，你们还说我有问题。唉，自己在沟里唉声叹气啊。

还好，我这个人有一个优点，就是善于反思。我常常反思：这到底是怎么回事呀？我不是好心好意去帮助别人吗？别人有困难我冲上去；别人有心理问题我冲上去；两口子吵架，我也冲上去，或者朋友吵架了找我诉苦，我跟他们提提建议、出出主意，这不是很好吗？

后来我才发现，原来是我错了，别人不需要帮助，我自己才需要帮助，他们都没有问题，原来是我有问题，是我有了"拯救者情结"。

唉，在沟里的那个惨啊，还好，最后我想明白了，想明白之后我就从那个沟里很狼狈地爬出来，爬出来之后又怎么办呢？我就想，为什么我这样用力地去帮助别人？我到底在干什么？我到底想获得什么？

最终，我发现，我去拯救别人，实际上是为了获得心理上的优越感；我去拯救别人，实际上是为了在别人身上实现自我价值，我真的想去帮他们吗？

我刚开始以为我真的想要去帮助别人，但后来冷静下来仔细地想一想，唉，其实我不是为了去帮助别人，而是为了别人对我的感谢。对方从困境里走出来之后，他就会感激我，甚至会崇拜我，如此一来我心里真是比吃了蜜汁还甜。原来是为了满足我的虚荣心。

也许，这是心理咨询师的职业特点。

后来我又想，真的只是这样吗？我怎么会有这么强烈的助人动机呢？原来我自己也需要帮助。那我先把自己拯救了吧。那怎么样去拯救自己呢？通过我的这个案例大家应该知道，如果一个咨询师有"拯救者情结"，他真的是把自己带到沟里去了，当然有时候也可能把来访者带到沟里去了，然后两个人在沟里互搏。

后来我才发现原来我自己的问题没有解决好，我就急着想去解决别人的问题，想去告诉大家，我是一个优秀的心理咨询师，甚至我想成为中国最厉害的心理咨询师，结果……。

所以，我就把目标转向自身，我到底有什么问题呢？我想起了我幼年时曾陷入无助、恐惧、悲伤的困境，没有人帮助那个哭泣的我，所以，我看到他人悲伤、痛苦、无能，我就想拯救别人，其实我是想拯救我自己，但是我又没有去救自己，所以我就去救别人，最终"拯救者情结"破灭。

随着自我分析、自我觉知越来越深，我就发现自恋开始膨胀，我觉得我比周围的人都厉害。

我看过那么多书，知道那么多方法，而且很早就开始做咨询了，我跟别人交流，发现他们都不如我，有些甚至很有名气的老师的水平也不如我，当时我就觉得我是天下第一了，真厉害。

然后呢，就开始"喷"这个"喷"那个，说这个不好，说那个不好，说自己多厉害，膨胀得自己都不认得自己了，感觉飘到天上去了。但是气球总会被戳破，我逐渐迷失，狂妄自大，自以为是，目中无人！但外人还不一定看得出来，因为我伪装得很好，让人觉得我很谦虚、很和善。

你知道我自恋到哪种程度吗？就是什么事我都是对的，真是自恋到没朋友。

大家看过《生活大爆炸》没？我真的是好羡慕谢耳朵，他那么自恋，居然还有朋友。但是我那个时候就比较惨，自恋到没朋友。越自恋的人，其实越没有真正的朋友，因为，别人都走不到他心里去。他会认为自己比所有的人都厉害，所以，人家跟你在一起相处，很难受。

你想，一个来访者找一个超级自恋的咨询师来做咨询，而这个咨询师不是贴着来访者的问题去做咨询，而是为了满足自己：你来找我做咨询，那是因为我厉害，我帮你解决了心理问题，跟你没有关系，都是因为我厉害。其实，最后才发现，真的解决了什么问题吗？可能来访者带着满身伤害就走了，还会说"哎呀，你好厉害"，实际上是人家不想谈了。心理咨询师最后才发现自己才是伤害最大的制造者。

（摘自阿苏：《心理咨询道与术之一：咨询师的危险性（下）》，有改动。）

这位作者非常形象而深刻地指出了"上帝情结"对心理咨询的影响。在心理咨询的过程中满足谁的心理需要，是咨询师还是来访者？心理咨询师需要时刻保持觉察和自省，才能更好地为来访者提供帮助。

第二章　结构化技术

结构化技术也称场面构成技术，是指咨询师就咨询过程的本质、目标、原则、限制、咨询师的角色与限制、来访者的角色与责任等做出恰当说明的一种技术。包括四个方面：（1）说明心理咨询的性质。（2）说明心理咨询的保密原则。（3）说明咨询师的角色与限制。（4）说明来访者的责任、权利和义务。

1. 说明心理咨询的性质

（1）来访者的偏见。

来访者寻求心理咨询时，会有一些心理预期，希望心理咨询能够药到病除，效果立竿见影，帮助他们立刻解除痛苦，解决遇到的问题。

（2）心理咨询的性质。

心理咨询是一个"助人自助"的过程，通过双方的人际关系互动，共同对问题加以探讨，以促进来访者的自我探索，而不是谁为谁做决定。

【案例 1-1】

来访者：老师，我和我的男友相处的时候，总觉得很压抑、很痛苦。他不能理解我的心情，还常常误解我。我又说不过他，所以感觉很憋屈。但是我去年生病做手术的时候，他对我很好，一直陪在我的身边，我一想到那些事情，就觉得我下不了分手的决心。我今天预约这个咨询，就是想着我把我俩的事情都说说，您帮我拿个主意，看我到底要不要分手？

咨询师：听起来你已经纠结了一段时间，希望自己可以摆脱这种情绪。但是这段感情是你和他两个人的事，你的人生是你自己的人生，我想我可以在这里陪你一起去探索，帮助你了解自己内心的需要，了解和男友之间到底发生了什么，这样你就可以为自己的未来做出选择。

来访者：所以你不能替我做主？我就是自己没办法做决定！

咨询师：听起来你有些失望，有时候我们自己拿不定主意的时候真的会很希望别人帮忙。但是这毕竟是你的人生和生活，终究你将自己去面对，我为你做的任何选择都是不负责任的。但我愿意陪伴你探索和成长，直到你愿意，也有能力为自己做选择为止。你看这样可以吗？

2. 说明心理咨询的保密原则

心理咨询师应尊重求助者的个人隐私权，无论是在个体治疗或是在集体治疗中都有责任采取适当的措施为求助者保守秘密。

（1）需要保密的内容包括：咨询过程中求助者暴露的内容、咨询过程中与求助者的接触过程。

在没有征得求助者同意的情况下，心理咨询师不得随意透露上述信息；心理咨询师也不得随意打探求助者与咨询无关的个人隐私。

心理咨询师有责任向求助者说明心理咨询工作的保密原则以及这一原则在应用时的限制。在团体咨询时应首先在团体中确立保密原则。

（2）心理咨询师应清楚地了解保密原则，但下列情况例外：① 心理咨询师发现求助者有伤害自身或伤害他人的严重行为时；② 求助者有致命的传染性疾病且可能危及他人时；③ 未成年人在受到性侵犯或虐待时；④ 法律规定需要披露时。

（3）在遇到上述①②③的情况时，心理咨询师有向对方合法监护人预警的责任；在遇到④的情况时，心理咨询师有遵循法律规定的义务，但须要求法庭及相关人员出示合法的书面要求，并要求法庭及相关人员确保此披露不会对临床专业关系带来直接损害或潜在危害。

（4）心理咨询师只有在得到求助者书面同意的情况下，才能对心理咨询过程进行录音、录像或演示。

（5）心理咨询师开展咨询工作的有关信息（包括个案记录、测验资料、信件、录音、录像和其他资料）均属于专业信息，应严密保存，仅经过授权的心理咨询师可以接触这类资料。

（6）在心理咨询工作中，一旦发现求助者有危害自身和他人的情况，必须启动危机干预方案，防止意外事件发生。如与其他心理咨询师进行磋商，应将有关保密信息的暴露程度控制在最低范围。

（7）因专业需要进行案例讨论、教学引用和科研写作时，应隐去那些可能据以辨认出求助者的有关信息，以保证求助者不被识别出来。

保密例外：

（1）已经获得求助者的披露信息授权，咨询师应该严格按照约定使用该授权。

（2）出现上述保密原则例外的情况。

【案例 1-2】

咨询师：你听说过心理咨询里的"保密"和"保密突破"吗？

求助者：听说过"保密"，没有听说过"保密突破"。

咨询师：好的。你听说过的"保密"是什么样子的？

求助者：大概就是我说的任何事情你都不会告诉任何人，是吗？你还是给我介绍一下吧。

咨询师：好的。简单来说，是指你在这里（咨询室）所讲的话全部都是保密的，但是有一些情况除外，在特殊情况下我会打破保密原则，称为"保密突破"。例如，当我得知你可能会对自己或他人做出危险的事情，我就会在告知你之后，联系你的紧急联络人，甚至会联系有关部门。例如，当我需要进行个案督导时，我可能会将你的部分信息告知我的督导，进行案例研讨，以帮助我进行咨询工作。可能还有其他的状况，需要时我们可以进行探讨。以上，有没有什么疑惑或者不能接受的？

3. 说明咨询师的角色与限制

（1）角色与责任。

不能担当解决问题的责任；不能强迫来访者做咨询师期待的事；不能代替来访者做决定；不做不切实际的保证。

（2）关系的限制。

不能以朋友、师生、伴侣、父母、知己等关系进行会谈；如果在会谈中咨询关系发生变化，双方应以真诚的态度加以探讨。

【案例 1-3】

来访者：我在你这里咨询以后，觉得真的很有收获，我觉得你人特别好，和你特别投缘，我很想有你这样的朋友，不知道是不是可以加个微信？

咨询师：听说你经过咨询之后有了成长，我真的为你感到高兴。但是咨访关系和日常人际关系有很多不同，其中一个不同就是仅仅在咨询室进行互动和工作，这个限制正是保障咨询起效果的很重要的因素，所以，很抱歉，我和你不能成为朋友。你想要听我多说说这些原因吗？

4. 说明来访者的责任、权利和义务

责任：（1）向咨询师提供与心理问题有关的真实资料。（2）积极主动地与咨询师一起探索解决问题的方法。（3）完成双方商定的作业。

权利：（1）有权了解咨询师的受训背景和执业资格。（2）有权了解咨询的具体方法、过程和原理。（3）有权选择或更换合适的咨询师。（4）有权提出转介或中止咨询。（5）对咨询方案的内容有知情权、协商权和选择权。

义务：（1）遵守咨询机构的相关规定。（2）遵守和执行商定好的咨询方案中各方面的内容。（3）尊重咨询师，遵守预约时间，如有特殊情况提前告知咨询师。

【案例 1-4】

来访者：我来咨询，是因为我工作上遇到了难处。我跟你好好说说，然后你帮我拿个主意。

咨询师：很高兴你遇到困难时愿意尝试心理咨询。我很乐意听你的故事。但你好像希望我可以帮你制定一个解决方案？

来访者：是啊。别人都说心理咨询师的角度不一样，还可以知道很多问题的根源。所以我打算从头到尾跟你说一遍，你就可以告诉我该怎么办！

咨询师：的确，因为我有心理学的知识背景，也站在旁观者的角度，可能会有一些不一样的看法。但是我认为，咨询的主要目的是通过自我探索和尝试，使

你成长，以后倘若再遇到类似的状况，你就有能力自己应对。当然，如果你需要，我也很乐意与你探讨现实中的问题和可能的解决方案，辅助你做出选择。

来访者：那在这个过程中我要做什么？

咨询师：我希望你可以主动地与我一起探索解决问题的方法，尽量提供与心理问题有关的真实资料。如果这一期间有你我双方商定的各种练习，也希望你可以积极完成。

5. 结构化技术的功能

结构化技术具有下述功能：

（1）使来访者对咨询的架构、方向以及咨询关系的性质、咨询过程有一个初步了解，为咨询的进行建立良好的心理环境和规范保证。

（2）明确来访者的责任，减少咨询关系中的暧昧性，协助来访者积极调动自己的内部资源。

6. 使用结构化技术的注意事项

结构化技术在使用时应注意以下方面：

（1）宜在咨询的初期使用，也可以随着来访者的谈话，弹性地分散在咨询的过程中，或者在咨询的初期不断地强化。

（2）不要过度使用结构化技术，也不宜急着做完，以免破坏会谈气氛和咨询关系。

（3）不要僵硬死板地使用结构化技术，不能忽略来访者的感受，否则会使来访者产生被拒绝、被忽略的感觉而导致焦虑和抗拒。

请看下面两个案例中咨询师的不同做法：

【案例 1-5】

来访者：我有一些问题想和你谈谈，不知可不可以？

咨询师：当然可以，我们一次谈话是 50 分钟，这次谈不完再约下次，只谈一次是不够的。你的问题是什么？

来访者：我就是压力大呀！尤其是快要高考了，我觉得我的每门功课都一塌糊涂，一看书就头昏脑涨的。这可是决定命运的一场考试呀，我真不知道怎么办才好！

咨询师：你放心，我们的谈话内容绝对保密。你以前有没有咨询过？

【案例 1-6】

来访者：我有一些问题想和你谈谈，不知道可不可以？

咨询师：我很乐意跟你谈，是哪方面的问题？

来访者：我就是压力大呀！尤其是快要高考了，我觉得我的每门功课都一塌糊涂，一看书就头昏脑涨的。这可是决定命运的一场考试呀，我真不知道怎么办才好！

咨询师：听起来你现在的状态不太好，的确压力很大！你有没有找人谈过这些问题？**（先支持来访者，接着了解来访者有无咨询的经验）**

来访者：自己的事情，不好意思找别人讲，你是专家，一定要帮助我解决这些问题呀！

咨询师：事实上你比我更清楚自己的情况，主意要你自己拿，我不可能代替你做决定。

来访者：这样会不会很麻烦你呀？不好意思……

咨询师：不麻烦。如果你都清楚了各自的角色与任务，我看我们先约8次，如果谈不完可以考虑增加咨询次数。如果没有什么问题请在这里签字，谢谢。

来访者：自己的事情，不好意思找别人讲。

咨询师：我很高兴你现在坐在这里，这表示你在碰到难题的时候，能为自己找资源，这是很积极而且负责的态度，在我们的会谈中，你的积极参与是很关键的。快要高考了，所以压力很大？（**以肯定来访者的意愿来协助他投入咨询过程，促使来访者增强对自身角色的了解和责任的理解**）

来访者：我不知道自己是不是应该放弃这次高考。你是专家，你一定知道解决问题的方法。

咨询师：你很想很快找出问题的症结，并且希望有效地解决它，这是我们共同期望的。你来求助的时候，有没有想过咨询是怎么一回事？就是你想象中它是怎样进行的……（**与来访者共情，协助来访者建构咨询的性质与咨询师的角色**）

（4）要注意避免一些空虚的劝慰。

【案例 1-7】

来访者：老师，我从来没有找过心理辅导老师，这次是鼓起了很大的勇气才走进来的，心里还是有些害怕。

咨询师1：你的这种害怕，其实是一种逃避，也就是不愿意面对自己的问题的一个借口。如果你能鼓起勇气，就不会再害怕，否则一味地逃避，问题仍旧解决不了。

咨询师2：不用害怕。其实这没什么大不了的，每周来找我咨询的学生挺多的，你看他们都不害怕。

咨询师3：其实咨询没什么好怕的，当然，告诉陌生人你内在的秘密，的确会有些难堪，可是，为了解决你的问题，你必须这样做。一开始总会有些困难，一两次后就不会有这种害怕的感觉了。

咨询师4：我想当你了解了心理咨询的性质后，就不会那么担心了。首先，我们在这里所有的谈话都是保密的，这是心理咨询最基本的原则。其次，在我们的谈话过程中，你要尽量讲出自己的真实感受，我的责任是引导你对自己的问题进行深入的探讨，帮助你自己做出正确的决定……

在上面这个案例中，你更满意哪位咨询师的回答？

【课堂操作练习】

注意体会咨询师是如何使用结构化技术的。

【案例 1-8】

咨询师：你好！请到这边坐下来。我姓谈，你就叫我谈老师好了，不知道怎么称呼你？

来访者：我叫小雨。

咨询师：小雨，不知道你以前有没有过心理咨询的经验？

来访者：我是第一次来心理咨询。

咨询师：哦，我想应该让你了解一下心理咨询是什么样的更好一些！心理咨询主要是在老师的引导和帮助下，通过有效、深层的自我探索，使你对自己的问题有更深的领悟，以便做出选择和决定。

来访者：其实，我很想从你这里得到一些很好的建议！

咨询师：我知道你很想一下子解决自己的问题，但这需要一个过程，建议是次要的，而你的积极参与才是最关键的！你要把自己内心真实的感受都讲出来，以便我们对问题有准确的认识。另外，我们的咨询时间一般是50分钟左右，每周一次，除此以外，你还有什么疑问吗？

来访者：可以试试看！

咨询师：好，那我们就开始，能告诉我，是什么原因促使你来咨询的吗？

第三章 咨询关系建立技术（1）
尊重、真诚、温暖

咨询关系是指咨询师和来访者之间的相互关系。建立良好的咨询关系是心理咨询的核心内容。

一、咨询关系的建立

咨询关系的建立受到咨询师和来访者的双重影响。

来访者——咨询动机、合作态度、期望程度、自我觉察水平、行为方式以及对咨询师的反应等方面。

咨询师——咨询态度（尊重、温暖、真诚、共情和积极关注）。

二、尊 重

尊重来访者，不仅是咨询师职业道德的起码要求，也是助人的基本条件。体现为对来访者的现状、价值观、人格和权益的接纳、关注和维护，要做到"无条件尊重"。

恰当地表达尊重意味着：完整接纳；一视同仁；以礼相待；信任对方；保护隐私；以真诚为基础。

尊重的作用：

（1）可以为来访者创造一个安全、温暖的氛围，使其最大限度地表达自己。

（2）可使来访者感到自己受尊重、被接纳，从而获得一种自我价值感。

（3）可以唤起来访者的自尊心和自信心，成为对方模仿的榜样。

咨询师对来访者的接纳、尊重程度与他的人性观有关（见表 3.1）。

表 3.1 咨询师的人性观

第一种	咨询师深信来访者有内在的潜力去面对挑战，并获得成长，因而他会尊重来访者个人的决定和意向，对来访者的言行不加半点评论和干涉。
第二种	咨询师虽然相信来访者有能力改变，但认为其能力有限，需要包括咨询师在内的外界帮助，因而，他虽然尊重来访者的意见和选择，但也认为有必要加以指导和提醒。
第三种	咨询师相信来访者有能力应付日常生活中的琐事，但在面临人生重大抉择时，则有赖于专业人员的指导和帮助。
第四种	咨询师不怎么相信来访者有内在潜力。有的甚至认为人的自然倾向是消极堕落的，人身上有许多原始、野蛮、罪恶的倾向，有某种劣根性，有原罪，倾向于自我毁灭等。

在国内咨询师中，持第二、三种看法的人居多，即相信人有自我调节、自我发展的能力，但是这种能力有时会受到人自身和环境的阻碍，因此，人是需要外界的支持和帮助的。

在咨询过程中，来访者表达的内容往往是人生中的消极面、阴暗面，以及自身的弱处、缺点、面临的危机等，因此，咨询师积极、乐观的人性观和人生观，应当成为咨询氛围的基调。

若咨询师发现自己实在难以接纳来访者，可以考虑把来访者转介给合适的咨询师。

【案例 3-1】

来访者：我一看到女性的内衣就控制不住想触摸，接着就会产生性兴奋，我总是抵抗不住诱惑。这种情况至少持续了 4 年。

咨询师 A：不成熟的性行为并没能解决问题，不是吗？归根到底，这只是让你陷入悲剧的另一条途径，而如今它还会使你成为一个作风不正的人。

咨询师 B：因此你在性行为上放任自己，这也是你整个问题的一部分，听上去，你对此并没有感到十分快乐。

三、温 暖

温暖是咨询师真情实感的流露，只有对人充满爱心、对来访者充满关切，视助人为自己崇高职责的咨询师才能最大限度地对来访者温暖和热情。温暖可以减少咨询过程或干预措施的非人性化性，避免使来访者产生干巴巴、冷冰冰的感觉，还可以引起温暖的回应。在与那些有敌意或态度勉强的来访者的互动中，温暖和关怀必不可少。

1. 温暖的类型

第一，非言语性温暖。

支持性的非言语性温暖是传达情感的主要途径，如言语声调、眼睛对视、面部表情、体态姿势以及触摸（见表 3.2）。

第二，言语性温暖。

通过有选择的言语反应来传达。言语表达温暖的方法是使用表达积极方面或属性的强调陈述句。如：

"你真是把自己表达得非常好。"

表 3.2　支持性的非言语性温暖

非言语线索	温暖	冷淡
语调	柔和	生硬、冷酷无情
面部表情	微笑、有兴趣	扑克牌一样的面无表情、皱眉、无兴趣
姿势	前倾	向后靠、紧张

续表

目光接触	看着对方的眼睛	避免看对方的眼睛
触摸	轻触对方	避免接触对方
手势	开放、欢迎	封闭、自我保护、拒绝他人
空间距离	近	远

"关于这个行动计划，你做得非常出色。"

表达温暖的另一种言语反应是即时性，也就是咨询师在当次咨询中事件发生时，把事情指出来。

2. 温暖技术的运用

第一，来访者初次来访时适当问候，表达关切。

第二，注意倾听来访者的叙述。

第三，咨询时耐心、认真、不厌其烦。

第四，咨询结束时，使来访者感到温暖。

四、真　诚

真诚是指在咨询过程中，咨询师以"真正的我"出现，没有防御式伪装，不把自己藏在专业角色后面，不戴假面具，不是在扮演角色或例行公事，而是表里一致、真实可信地置身于与来访者的关系之中。

1. 真诚的意义

咨询师真诚、可信，尊重来访者可以使来访者感到安全、自由。咨询师要让来访者知道，坦白表露自己的软弱、失败、过错、隐私等无须顾忌，这是因为来访者切实感受到被接纳、被信任、被爱护。

咨询师真诚坦白为来访者提供了榜样，来访者可能因此受到鼓励，以真实的自我与咨询师交往，坦然地暴露自己的喜怒哀乐，宣泄情感，也可能因而发现、认识真正的自我，并在咨询师的帮助下面对和改进自己。

2. 真诚技术的层次（见表 3.3）

表 3.3　真诚技术的层次

层次	内容
一	咨询师隐藏自己的感觉，或者以沉默来惩罚来访者。
二	咨询师凭感觉反应，他的反应符合他所扮演的角色，但不是他自己真正的感觉。
三	为了增加两人之间的关系，咨询师有限度地表达自己的感情，但不是否定、消极的情感。
四	无论好的或不好的感觉，咨询师都以言语或非言语的方式表达出来，经由这些表达情感。

【案例 3-2】

课堂练习：真诚层次分析

学生：在这次考试中，您给了我 50 分，我感到很难过。我觉得我已经掌握了您教的内容，应该可以通过的。

老师 A：不要责备我，不是我给你 50 分，而是你自己丢掉的。

老师 B：你只得了 50 分，我感到很抱歉，我是非常希望能给你好分数的。

老师 C：我非常抱歉，恐怕我不能做什么，我必须按照规定办事。

老师 D：你觉得你已经学好了，但是你仍然考不好，我不大了解原因在哪里。

老师 E：我了解你对分数的失望，多少我有些责任，你认为我在惩罚你，我对此感到难过。

3. 真诚技术的使用

第一，自然放松。

咨询师应该学会做到：直接向他人表达目前的感受；客观地说明自己的情况；倾听他人的谈话但不歪曲所获得的信息；在传达情况的过程中披露自己的真实动机；交流时应显得自然而然，无拘无束，而不是要弄惯常的和设计好的伎俩；对他人的要求和陈述当即做出反应，而不是等适当的时机或给自己足够的时间去寻找正确的答案；暴露自己的弱点，一般而言，要敢于暴露自己的内在世界；在与来访者关系中努力创造相互依靠的氛围，而不是单方面的信赖；学会喜欢心理上的亲近，乐于为他人服务。

第二，对来访者负责，有助于来访者成长。

鲁迅先生在《立论》里讲过这样一个故事：一家人喜得一个男孩，全家人高兴极了。孩子满月时，家人把小孩抱出来给客人看，想得到大家的称赞。

一个客人说："这孩子将来要发财。"于是这位客人得到了一番感谢。

一个客人说："这孩子将来要做官。"于是这位客人得到了几句恭维的话。

一个客人说："这孩子将来是要死的。"话音刚落，这位客人便被大家合力痛打了一顿。

这个故事给我们什么启发呢？那就是说话要注意场合，要知道什么场合说什么话。

真诚不等于说实话，所说的应该是真实的，那些有害于来访者或者有损于咨询关系的话，一般不宜说（见表 3.4）。

表 3.4　咨询师表达的宜忌

不宜说的话	可以这样说
你的这种行为真令人恶心！	你的这种行为人们或许接受不了，从而可能引起不良评价。

续表

不宜说的话	可以这样说
你这个人真是蛮不讲理！	我觉得你刚才那番话的道理不是很充分，有点按自己的意愿在评判，是不是这样？
你的这种个性、品德，难怪别人不喜欢你！	你的有些言行容易引起一些人的误会，引起矛盾。不知道我的这种感觉对不对？

第三，避免戒备心理。

咨询师了解自己的力量和弱点，努力追求更为成熟、更有意义的生活。当来访者否定自己的某些观点、建议或行为时，应反省自己，理解来访者的观点，并继续与来访者一起工作。

【案例 3-3】

来访者：我认为这几次会面没能使我得到任何帮助，我一直感到自己在白白地耗费精力，我干吗要上这里来浪费时间呢？

咨询师 1：如果你对自己诚实的话，你会看到，正是你自己在浪费时间。转变是一件艰苦的工作，而你总是在阻挠它。

咨询师 2：好吧！这就是你的结论。

咨询师 3：因此，从你的角度来看，上这儿来没有得到回报。有的只是一系列枯燥的工作，你并没有因此而获得任何帮助。

第四，真诚不等于自我发泄。

真诚应适度，尤其是在咨询的初期。

真诚是咨询师内心的自然流露，不是靠技巧可以获得的，是建立在咨询师对人的乐观看法、对人的基本信任、对来访者充满关心和爱护的基础上；同时，也建立在咨询师接纳自己、自信谦和的基础上。真诚是咨询师的一种素质，这种素质是潜心修养、不断实践的结果。

第四章　咨询关系建立技术（2）
关注与倾听

倾听技术是指咨询师全神贯注地聆听来访者的叙述，认真观察其细微的情绪及姿势的变化，体察其语言的深层次情感，并运用言语和非言语行为表达对来访者叙述内容的关注和理解。

专注与倾听技术是咨询师在整个咨询过程中所用的基本技巧，可分为两个层次：第一个层面是指咨询师身体层面的专注与倾听；另一个层面是指咨询师心理层面的专注与倾听。

1. 咨询师身体层面的专注与倾听

咨询师非言语的肢体行为所传达出的对来访者的重视和关切。这在咨询的起始阶段非常重要。用 R、O、L、E、S 来概括其主要内容。

（1）R（relaxation）是指放松。放松、自然的身体姿势可以表明咨询师是平和、安详、自信的，使来访者备感安全和放松。如果咨询师双拳紧握、双眉紧锁、双肩紧扣，双方都会觉得尴尬，咨询工作将会受阻。

（2）O（openness）是指开放。身体姿势的开放，代表无条件地包容与接纳，也会带动来访者身体与心理的开放，增加来访者的安全感。咨询师的身体如果呈现畏缩、封闭，会让来访者慌乱、退缩，导致来访者支吾以对，心思涣散。

（3）L（leaning）是指身体微微前倾，通常在来访者谈到重点、关键或表情语调有所变化的时候，咨询师身体很自然地前倾，可以让来访者觉得咨询师对谈话内容很在意，好像在说："我了解你所说的……""我对你的谈话内容很关心……"如果咨询师身体后仰，紧贴椅背，会令来访者认为咨询师冷漠、傲气，这种姿态将扼杀来访者的勇气，让来访者因气馁而心生畏惧，无力再谈。

（4）E（eye contact）是指眼神接触，传达出对来访者的尊重与重视。如果咨询师的眼神闪烁不定、飘忽游离，来访者不但会心思涣散、注意力无法集中，而且还会胡思乱想，如"我是不是说得太久了？""他是不是不屑于听我的谈话？"但是要注意，在目光接触中，咨询师不能长时间直视对方，这容易使对方产生不自然和压迫感，咨询师可以采取倾听时平视对方眉心而说话时不定时地游走目光的方式。

（5）S（squarely）是指面对来访者。座位的安排能有助于双方自然地互相面对。"面对来访者"不是指咨询师与来访者正面而坐，但也不是指为了减少压力并排而坐，这样来访者与咨询师的目光接触和交流将产生困难。

一般的格局是来访者与咨询师之间放一张茶几，两把椅子成 90 度摆放，这样会使来访者有安全感。

2．咨询师心理层面的专注与倾听

（1）观察与解读来访者的非言语行为。

（2）倾听与了解来访者的言语，从来访者的叙述中了解事情的过程、来访者的情绪和态度。

（3）了解来访者的背景、来访者问题发生的背景脉络以及谈到的重要他人。

（4）适当而简短的反应。对于听到的信息给予简短的回应，鼓励来访者继续说下去。如："请继续说。""然后呢？""嗯……"或根据谈话的内容说"你当时默不作声是考虑到……"等等。

3．倾听技术的功能

（1）了解来访者的主要问题并使来访者产生被关注和尊重的感觉，有助于良好咨询关系的建立。

（2）有助于来访者理清自己问题所在，使其有勇气去面对困难、面对自己。

4．运用倾听技术的注意事项

（1）不能急于贴标签，下结论。

（2）不能流露对来访者的轻视。

（3）不能急于教育或做道德评价。

例如："你怎么有这么多的口头禅？"

"你这种想法是不符合社会道德的。"

"这件事明明是你错了，你还说别人。"

【案例 4-1】

来访者：我们的班主任老师是一个虚伪的人，她表面上喜欢我，骗取我对她的信任，可背地里为了她的儿子能保送进重点中学，利用职权出卖了我！（愤愤不平地捶桌子）老师平时总是对我们说，待人要真诚，为什么她自己就不能真诚待人？

咨询师（打断来访者的谈话）：你怎么能用"骗取"这个词来形容你的老师呢？

第五章　咨询关系建立技术（3）
共　情

共情（empathy）也叫移情、同情、同感、共感、同理心等。共情技术是指咨询师一边倾听来访者的叙述，一边进入来访者的精神世界，然后跳出来以语言准确地表达对来访者内心体验的理解。

1. 共情的四个层次（见表5.1）

表 5.1　共情的四个层次

一	咨询师没有专注地观察来访者的言语和非言语行为，因此回应的内容没有针对性，对来访者没有帮助。
二	咨询师回应的内容，只反映来访者表面的想法与感觉，而且反映的情感并非关键性的感觉，因此对来访者没有帮助。
三	咨询师回应的内容，能够完全反映来访者的想法与感觉，没有缩减或过度推论来访者表达的内涵，不过，无法反映来访者深层的感觉。
四	咨询师回应的内容，能够反映来访者未表达的深层想法与感觉。这种回应，可以协助来访者觉察与体验先前无法接受或未觉察到的感觉。

【案例 5-1】

来访者：我马上要去国外留学，我从来没有离开过父母，而且周围又有许多好朋友，现在我一下子走这么远，人生地疏，真不知道出去以后会怎么样？

咨询师 A：出国是好事啊，有什么好苦恼的？

咨询师 B：你看上去既聪明又漂亮，你会过得很好的。

咨询师 C：每个人都有独立的一天，这没有什么了不起的。

咨询师 D：一个人独立外出留学是会有很多困难的，但要相信世上无难事，只怕有心人。

咨询师 E：你以前没有独立生活过，现在一下子要出国，在异国他乡独立生活，是很不容易的，我能理解你的这种不踏实。

咨询师 F：你的这种心情是可以理解的，当一个人开始一个全新的生活时，特别是像你现在遇到的情况，都会有这样的感觉。

咨询师 G：我能体会到你现在的这种心情，如果是别人也会有这种想法，现在让我们来分析一下你可能会遇到哪些问题。

【案例 5-2】

来访者：人老了就是没用。我的儿子、女儿都已经长大成人，有自己的事业。现在的人很忙，这一点我是可以理解的（皱眉、低头、眼睛看地）。只是，我希望他们常回来，不要只在逢年过节才回来。我年纪已经这么大了，什么时候要走没有人可以

预料得到。他们平时也该常打电话，否则我走的时候谁会知道？（语气低沉、叹气）

咨询师 A：你为什么感到如此伤心？

咨询师 B：你能够理解自己的子女，这很不简单。

咨询师 C：子女为了事业忙碌，你能够理解，但又觉得自己很凄凉。

咨询师 D：你虽然嘴上说可以理解他们，可心底里却怨恨他们回家次数太少。

2. 初级共情

要做到初级共情，需体验下列步骤。

（1）转换角度，真正设身处地地使自己"变成"来访者，用他的眼睛和头脑去知觉、体验、思维。按罗杰斯的看法，共情就是"体验他人的精神世界，就好像那是自己的精神世界一样"。

（2）设身处地地倾听来访者，还要能够适时地回到自己的世界，借助知识和经验，把从来访者那里知觉到的东西做一番整理，理解他们。

（3）用言语的和非言语行为做出反应，引导来访者对其感受做出进一步的思考。

（4）在反应的同时留意对方的反馈信息，必要时应直接询问对方是否感到自己被理解了。

初级共情具有以下功能。

（1）有助于建立良好的咨访关系。初级共情可以传达理解和关注，使来访者有被尊重的感觉。

（2）修正咨询师对来访者的理解。共情反应是否正确，可以从来访者那里得到反馈。

（3）疏导来访者的情绪，鼓励他继续说下去。

（4）协助来访者自我表达、自我探索，理清来访者的自我概念。

【案例 5-3】

来访者正在找工作，刚接到面谈通知，他说："我恐怕这次面谈又会不成功，像以前几次一样又没希望了。"

咨询师 1：不会的，你只要有信心，就会成功。

咨询师 2：你为何不去找那些面谈成功的同学聊聊，也许你就能知道一些窍门了。

咨询师 3：不要那么悲观嘛！你怎么会这样想呢？

咨询师 4：由于过去失败的经验，你担心这次也会失败，好像不太有信心的样子。

咨询师 5：对于一个刚出校门的人，第一次找工作本来就比较困难，就是失败了，也不算什么。

【案例 5-4】

来访者：其实我已经长大了，可是爸妈老是把我当小孩子看，什么事都过问，都盘查。我知道他们是关心我，但是我很想自己试试看、闯闯看呀！

咨询师 1：这就是天下父母心，你要好好珍惜。

咨询师 2：你是不是曾经做过什么事让他们不放心呢？

咨询师 3：其实父母都是如此，他们这样做才会安心，你不必太在意，等你长大为人父母时，就能体会了。

咨询师 4：你觉得父母过度操心，让你无法独立。

3. 使用共情技术的注意事项

（1）共情不等于同情。共情并不等于认同和同意对方的行为和看法，只是对对方表示理解。如咨询师常常在回应对方的过程中这样说"因为……你觉得……"，而不是说"事实上你……"。

【案例 5-5】

来访者：我和女朋友交往一年多了，我们感觉都很好，可是她的父母反对我们在一起。

咨询师 1：那真是一件令人心痛的事！

咨询师 2：女友的父母反对你们交往，这让你觉得很苦恼。

（2）共情不等于理解。如"我很理解你的想法，要是我也会那样想。"

避免假装理解。如"对不起，我有些跟不上，能否请您再说一次？""您好像是说……？""你的意思是不是……？"

（3）避免空洞的说教和虚弱的保证。如"您应该对自己有信心""阳光总在风雨后"等等。

（4）避免鹦鹉学舌式的模仿。

4. 高级共情

高级共情技术是咨询师将来访者在叙述中隐含的、说了一半或暗示的部分，即来访者谈话背后真正的感受、体验和想法，用语言表达出来，促使来访者以新的观点来思考自己及自己与所处环境的关系，使自己得到某种程度的领悟。

初级共情用于咨询的初期，有助于建立良好的咨询关系，鼓励来访者多谈，充分收集资料。

当咨询关系比较稳固时，咨询师可使用高级共情把来访者的真正问题或感受指出来，这有利于问题的解决。

【案例 5-6】

来访者在公司已工作了七八年，认真负责，工作效绩也不差，可提升的机会总是与他失之交臂。在咨询过程中，很明显可以看出，造成这种结果的主要原因可能是他内向、木讷和不够自信的性格，这使得他的上司不容易注意到他。

来访者：我不知道怎么搞的，我努力工作、负责，总是把事情做到最好，有时还比别人好，但是两次升迁机会就是没有我。一切努力好像都是白费，我不知道还要怎样做才好。

咨询师 1：你自己做事那么认真卖力，可是一直没有升迁的机会，让你觉得很气愤。

咨询师2：你那么努力工作，却没有得到预期的结果，的确令人很难过、很泄气。同时，似乎你又觉得很不公平，认为前途渺茫，是这样吗？

高级共情技术的功能主要有以下几个方面。

（1）将来访者隐含、未直接表达出来的意思提出来与来访者沟通，做进一步的探讨。

（2）协助来访者从另一个角度思考自己的问题，达到某种程度的领悟，为咨询开辟另一条道路。

【案例 5-7】

来访者：我男朋友最近要出国念书。这一去需要五年才能拿到学位。他的父母坚持他拿到学位后才允许我们结婚。他是听话的孩子，所以我要等他五年。五年不算短，美国又很远，时间与距离是感情的杀手。说实在的，我正渐渐对这段感情失去信心。我已经 30 岁了，年纪又比他大，本来我就不看好这段感情，现在果真如我所预料的一样，没有好结局。

咨询师 1：男朋友要你等他五年，你已经 30 岁，又比他大，你认为感情禁不起时空的考验，担心你们不会有结果。这正如当初你预料的一样，你觉得好感慨。

咨询师 2：男朋友没替你着想，竟然要你等他五年，这种无情的要求，令你觉得好辛苦。这段感情正如你所预期的那样脆弱，你悔不当初。

【案例 5-8】

来访者：从大一开始，我就喜欢班上的一位女同学。她长得非常好看，功课又好，家中又富有。（眉头紧皱，音量变小）我只敢从远处遥望她，不敢主动接近。其实有几次机会，可以增进彼此的关系，可是，当她靠近我时，我就不由自主地退缩，（双手交叉放到胸前，上半身往前缩）然后借故跑开。每当听说她有男朋友的时候，我就难过得觉得人生没有希望。当听说她跟男朋友分手的消息，我就兴奋异常，然后告诉自己，要好好把握机会。可是，因为自己胆怯，到最后还是被别人捷足先登，就这样过了三年。（右手握拳，往胸前捶打）我现在已经大四了，转眼机会就没了，可是不知为什么，还是提不起勇气对她表白。（皱眉）

咨询师 1：三年过去了，你已经丧失了很多机会。我知道你是因为退缩才这样。不过，第一次都比较困难。只要你鼓起勇气，突破第一次障碍，未来的路自然顺畅多了。你的机会已经不多了，如果再不鼓起勇气的话，可能会终身遗憾。

咨询师 2：由于你的退缩，三年来没有机会跟你喜欢的女孩交往。眼看就要毕业，可是你仍然无法鼓起勇气采取行动，因而焦虑不已。

咨询师 3：这位女同学的家世与外表都无可挑剔，这让你感到自卑，所以你一直没有勇气追求她。眼看就要毕业，转眼机会就没有了，你虽然心急如焚，却无能为力。你痛恨自己胆怯、焦虑。

要做到高级共情，要注意以下几个方面。

（1）不宜太早使用高级共情，应在咨询关系比较稳固时使用。

（2）要接纳来访者的深层想法和感受，而不应做任何评判性的表述。

第六章 参与性咨询技术（1）
探 询

探询技术是指咨询师针对来访者的问题或处境设问，协助来访者对个人的反应做详尽的说明和明确的叙述，使来访者进一步澄清问题。

咨询师在帮助来访者认识与思考当前困难、挫折与自我成长的关系时，应多提问题，少加评论；多启发，少说教；多鼓励对方说话，少讲个人意见；多提开放式问题，少提封闭式问题。

咨询师应学会以提问来表达自己的不同意见，以讨论来加深来访者认识面临困难与自我成长之间的辩证关系，使其视野开阔，增强自信，发展自我。

【案例 6-1】

来访者：我们同宿舍的同学对我有误解，她们都排挤我，真不想再把她们当朋友了。

咨询师：听起来你很无奈，你说说看，室友怎样误解你了？

来访者：我和我们班男生关系较好，她们总怀疑我在男生那里说她们的坏话，因为她们虽然表面上打扮得漂漂亮亮，但内务搞得很差，一个比一个懒。

咨询师：室友误解你在背地里说她们的坏话，你觉得很委屈。不知你是否尝试过与她们进行沟通？

来访者：尝试过了，根本就没有用，她们不相信我。

咨询师：看来你也做了努力，可不可以说说你是如何与她们沟通的？

1. 探询技术的功能

（1）协助来访者澄清问题，提醒来访者自己遗漏或不想面对的部分。

（2）给咨询师提供收集资料的机会。

（3）拓展来访者对事件的不同观点和不同层面的思考。

2. 探询技术的类型（见表6.1）

表 6.1 探询技术的类型

开放式提问	封闭式提问
开始咨询会谈。 没有固定答案，可以允许来访者自由地表达自己的状况。如"你与寝室同学的关系如何？""你愿不愿意谈谈你的婚姻情况？"等等。	有明确、固定的答案，来访者只能就实际情况加以回答，例如："你有孩子吗？""你父亲还健在吗？"

续表

开 放 式 提 问	封 闭 式 提 问
通常使用"什么""为什么""能不能""愿不愿意"等词来提问，让来访者就有关问题、思想、情感进行详细说明。	通常使用"是不是""对不对""要不要""有没有"等词，回答也是用"是""否"式的简单答案。
询问的问题没有多大的限制，来访者可以提供较多的信息。 一般带"什么"的询问往往能获得一些事实资料。如："你为解决你们之间的冲突做了些什么？" 带"如何"的询问往往牵涉到某一事件的过程、秩序和情绪性的事务，如"你是如何看待失恋这个问题的？" 带"为什么"的询问则可引出一些对原因的探讨，如"你为什么不喜欢这个专业？" 有时用"愿不愿意""能不能"起始的问句询问，以促进来访者进行自我剖析，如"你能不能告诉我你为什么要离婚？" 不同的询问用词，可以引出不同的信息，导致不同的结果。咨询师应学会以不同的方式询问来访者。	
开放性探询的目的： 鼓励来访者说出更多的信息。 诱导来访者讲出行为、想法和感受的具体例子，以便咨询师能更好地理解那些造成来访者当前问题的原因。 通过鼓励来访者讲话以及指导他们进行有目的的沟通，促进来访者发展与咨询师的关系。	常用于收集资料并加以条理化，澄清事实，获取重点，缩小讨论范围。当来访者的叙述偏离正题时，用来适当地终止其叙述。

3．探询技术的应用原则

（1）围绕关键点提问。

（2）给来访者充足的时间回答。

（3）一次只提一个问题。

（4）尽量避免指责性、面质性的问题，用"什么"代替"为什么"。

（5）不把询问作为主要的反应模式。

（6）谨慎地提及敏感问题，如来访者的敏感领域（外貌、地位、身材等）。

【案例 6-2】

咨询师和小高一直在讨论强迫症状是如何影响小高重返工作岗位的。会谈曾一度陷入僵局。

咨询师：如果现在让你必须问自己一个问题，你会问自己什么问题呢？

小高（停顿了好长时间）：为什么你会走上愚蠢的道路？为什么只是一味地自己跟自己兜圈子呢？（他的眼睛湿润了）

4. 运用探询技术的注意事项

（1）要与来访者多就来访者提出的问题进行讨论，少做评论和暗示。如：

来访者：我的主管对我有偏见，常找我工作上的毛病，真不想干了。

咨询师：听起来你的主管很差，那你离职后想再找什么样的工作？

（2）咨询初期，少用封闭式提问，多用开放式提问。

（3）探询要配合使用共情技术，避免使来访者有被拷问的感觉。

（4）使用探询技术要避免仅仅满足咨询师自己的好奇而岔开主题。

（5）有效与无效询问的区别在于提问是否能够让来访者从一个新的角度和深度看待问题。

（6）常备一些问题，如"这使你有什么感觉？"或者"这样做对你来说意味着什么？"

【案例 6-3】

来访者：我不知道从哪里开始。我的女朋友已提出要跟我分手，我刚刚失去了一份工作，而且我的专业课考试不断地出问题。

咨询师：你现在一定感到事情非常难办（思考）。在你提到的三件事中，你现在最关心哪一个？

来访者：我的恋爱。我想保持它，但我想我的女朋友不这样想。（来访者眼睛与咨询师对视时身体姿势由紧张转变为放松）

【课堂操作练习】

在这个练习活动中，将给出三个求助者的实际描述。使用"认知策略"，对每一个求助者的信息进行提问。在运用这些策略的过程中，大家也许希望大声或者默读出这些问题，最后的结果即提问。案例如下：

求助者 1：（女中学生）我的心情非常紧张。

咨询师自问 1：我提问的目的是什么？

请求助者举例说明什么时候感到心理紧张，这将有助于治疗，因为它能够加深对问题的理解。

咨询师自问 2：我能预测求助者的问题吗？

不能。

咨询师自问 3：在有目标的情况下，我如何能最有效地开展提问？

"什么时候"或"什么"。

咨询师：你说你感到非常紧张，什么时候你有这种感觉？当你感到紧张的时候，情形是什么样子？（开放式询问技术）

咨询师实例练习：

咨询师提出的每个问题都是有目的的，另外，不要忘记在提问前运用倾听技术。

求助者 1：（女大学生）坦率地说，上学期我们的宿舍就像地狱。

咨询师自问 1：提问的目的是什么？

鼓励求助者解释对她来说"地狱"是怎样的，像什么样。

咨询师自问 2：我能预测求助者的回答吗？

咨询师自问 3：在有目标的情况下，我如何能最有效地开始提问？

咨询师实际提问：听起来好像你对事情失去了控制。对你来说到底是什么情况不好？或者这样问：对你来说像地狱的寝室是怎样的？（开放式询问技术）

求助者 2：（一个 50 岁失去丈夫的妇女）有时我只是感到难过，有时这种感觉会持续一段时间，但并不是每一天都是这样，只是有时这样。

咨询师自问 1：提问的目的是什么？

了解求助者是否注意到怎样会让自己难过的情绪变好一点。

咨询师自问 2：我能预测求助者的回答吗？

咨询师自问 3：在有目标的情况下，我如何能最有效地开始提问？

咨询师实际提问：你不时会感到沮丧。你注意到有什么会消除这种情绪吗？或者这样问：你注意到了哪些特别事件会使你感到好一些吗？（开放式询问技术）

求助者 3：（大三男生）我现在就是感到压力很大，学生会工作太多了，而我自己学习的时间已所剩无几。

咨询师自问 1：提问的目的是什么？

求助者在学生会有多少工作要做，以及他需要对哪些工作承担什么样的责任。

咨询师自问 2：我能预测求助者的回答吗？

咨询师自问 3：在有目标的情况下，我如何能最有效地开始提问？

咨询师实际提问：由于要完成许多工作，留给你自己的时间就很少。确切来说，你需要在学生会做多少工作？或者这样问：你对哪些工作有什么样的责任？（开放式询问技术）

第七章　参与性咨询技术（2）
内容反映与情感反映

反映技术是指咨询师对来访者会谈中的言语、思想或情感进行再编排，并有选择地注意来访者信息的认知部分或情感部分，然后将来访者的主要想法和其中明显或隐含的情感反馈给来访者，协助其接纳、觉察自己的认知和情感的过程。

反映技术包括内容反映和情感反映。

1. 内容反映技术

内容反映技术也称释义或说明，是指咨询师把来访者的主要言谈、思想综合整理后，再反馈给来访者。

有效的内容反映不是鹦鹉学舌，咨询师选择来访者提供的实质性内容，用自己的语言表达出来，最好引用来访者言谈中最具有代表性的、最敏感的、最重要的词语。

内容反映使来访者有机会再次剖析自己的困扰，重新组合那些零散的事件和关系，深化会谈的内容。

【案例 7-1】

来访者：每次考试我都是靠自己的实力。这次考试，别人传小抄刚经过我这里就被老师发现了，老师就认为我在作弊。

咨询师：小抄不是你的，老师误会了你。

来访者：对啊，我跟老师说我没作弊，老师说带小抄不是作弊是什么。我很想跟老师说明真实情况但又不敢。

咨询师：你想向老师说明真实情况但又不敢。

来访者：……

【案例 7-2】

来访者：我无法想象，简直是五雷轰顶！我竟然一直被蒙在鼓里！（激动地）我男朋友竟然和其他的女孩约定两年后做恋人！对，是在他的邮箱里发现的……那天，我在他的邮箱中看到一封信。虽然我们经常吵架，但并没有到感情破裂的地步，他有时还表现出对我特别好的样子，但他竟然在感情上背叛了我，而且另外一个人竟然是我的一个好朋友……（哭泣）我彻底绝望了，为什么所有的人都背叛了我？我的朋友，我的恋人？

咨询师：你和男朋友经常吵架，但你认为情感并没有破裂；可是他却背着你和其他的女孩子有了约定，而这个女孩还是你的好朋友。

来访者：对，是这样的。为什么所有的事情都发生在我身上？我发现以后，就直接找到我的男朋友去质问他……

（1）最有效的内容反映包括以下三个关键点。

第一，使用来访者的姓名及代名词"你"。

第二，使用来访者最重要的语句。

第三，咨询师对来访者表达的内容加以浓缩，使其明朗化。

（2）内容反映技术的目的。

第一，使来访者澄清想法。

第二，鼓励来访者表达核心问题。

第三，使来访者理清思路。

第四，协助来访者做出决定。

（3）内容反映技术的功能。

第一，使咨询关系进一步深入。

第二，检查咨询师对来访者问题的理解程度。

第三，来访者有机会重新解释自己的观点，重新探索自己的问题，深化谈话的内容。

【案例 7-3】

来访者：我总觉得自己什么都做不好。我想在各方面都做得最好、最优秀……我希望别人谈起我的时候会说：这姑娘什么都行，既聪明又能干，特别讨人喜欢。可是，总是事与愿违，我似乎什么都没做好，老师不喜欢我，同学关系也不好，我快烦透了。

咨询师：你希望自己做什么都能做好，让别人觉得自己聪明、能干，希望别人喜欢自己。

来访者：嗯，差不多吧，我什么都想做得十全十美。

咨询师：听上去你愿意做一个完美的、无可挑剔的人。

来访者（点头）：嗯。我是这样希望的……

（4）使用内容反映技术时咨询师应注意：

第一，能够抓住来访者的言语或思想的实质进行简述。

第二，避免加入咨询师自己的意思。

第三，不要在咨询过程中长时间使用内容反映技术，以免来访者觉得咨询师是鹦鹉学舌，导致会谈没有进展。

【案例 7-4】

来访者：我和女朋友已经相爱半年了，可是我父母有不同意见，我母亲喜欢我女朋友，但我父亲反对我在大学里谈恋爱。我为此很烦恼，书也看不进去，晚上常失眠，不知怎么办才好？

咨询师1：你的父亲反对你和你的女朋友的事。

咨询师2：你和你的女朋友彼此相爱，你的母亲也同意，但你父亲不赞成，因为他不希望你在大学期间谈恋爱，是这样吗？

咨询师3：父亲反对你谈恋爱，你非常恨他。

（5）内容反映的步骤包括以下几个方面：

第一，来访者告诉我什么了。

第二，来访者的信息中存在什么样的情景、人物、物体或思想。

第三，咨询师选择一种接近来访者所使用的感官词汇的语句。

第四，咨询师运用所选择的语句将来访者信息的主要内容或概念用自己的语言表达出来。

第五，咨询师评价自己内容反映的效果——倾听和观察来访者的反应。

2. 情感反映技术

情感反映技术是指咨询师辨认来访者的言语与非言语行为中明显或隐含的情感，并且反映给来访者，协助来访者觉察、接纳自己的感觉。

情感反映与内容反映的区别：内容反映主要用于复述来访者信息的认知部分，即言语和思想进行再编排予以的反馈；而情感反映主要用于对来访者信息的情感部分，即情感基调进行再编排予以的反馈。

在咨询实践中，咨询师对来访者的情感与思想的反映往往是同时进行的。

（1）来访者对情感的觉察分为几个层次：

第一，情感出现，但是未被觉察到。

第二，情感出现，但是只有部分被觉察到。

第三，情感出现，但是没有被转化成语言。

第四，情感出现，并且被转化成语言。

第五，情感出现，被转化成语言，知道情感引发的原因，也知道怎么处理。

情感反映技术可以帮助来访者重新检视自己的经验，觉察、接受和表达自己的情感。

【案例 7-5】

来访者：我前一阵子觉得心情很不好，很乱很乱，就去做头发、买衣服，想换一种心情。前几天，我以前的男朋友打电话给我，我们聊到半夜一点多，后来怎么也睡不着。

咨询师：你觉得心情很混乱，听上去似乎以前的男朋友勾起你很多的回忆。

来访者：他打电话告诉我他下个月要结婚了。我们以前在一起感觉不错，我自己也搞不清楚自己，我很怀疑如果他约我出去，我们会怎么样！他都要结婚了！

咨询师：他在结婚前打电话跟你长谈，使你担心可能会旧情复燃。

（2）情感反映技术的要点。

第一，从来访者已表达的言语或非言语的沟通出发，明确指出他的感受和情感。

第二，咨询师指明来访者的感情时可以说："看起来你好像觉得……""听起来，你的意思似乎是……"

第三，内容借着内容反映可以更明确，例如："当……时候，你觉得好像……"

第四，在会谈情境中，如果能及时指出"此时此地"的感情，使用情感反映技术效果会更好一些。

【案例 7-6】

来访者：我前一阵子觉得心情很不好，很乱很乱，就去做头发、买衣服，想换一种心情。前几天，我以前的男朋友打电话给我，我们聊到半夜一点多，后来怎么也睡不着。

咨询师：你以前的男朋友怎么会打电话给你？

来访者：他打电话告诉我他下个月要结婚了。我们以前在一起感觉不错，我自己也搞不清楚自己，我很怀疑如果他约我出去，我们会怎么样！他都要结婚了！

咨询师：他在结婚之前给你打电话，你觉得这代表什么意思？

来访者在会谈中往往会出现混合或矛盾情感，如既爱又恨的感情，既有吸引力又有排斥力。例如："我很想去找个女朋友，可心里又有些怕，感到很矛盾。"发现来访者身上的这些混合情绪的含义及其影响的程度，对于咨询来说意义颇大。因此，在咨询过程中，咨询师要善于寻找困扰来访者的矛盾情绪并予以突破，帮助来访者尽快觉察自己的问题。

【案例 7-7】

来访者：我对妈妈很孝顺，哥哥弃她于不顾，都是我在照顾她。可是，只要我有一点不顺她意，她就骂我不孝，或威胁说要离家出走。我实在受不了她，很想搬到外面住。哥哥就是因为受不了她的脾气，故意在外地找了一份工作，让我妈管不到他。他现在倒清静多了，可是却苦了我。我跟哥哥提过，希望他分担照顾妈妈的责任，但是，哥哥不肯。他说，就是因为受不了妈妈才离开，哪有自投罗网的道理。我真的不懂，他怎么可以那么自私！我现在有一个很要好的女朋友，我们想订婚。她一直想认识我的家人，可是，我妈妈这个样子，我怎么敢带她回家？我担心我的女朋友如果知道我妈妈的个性，不敢跟我结婚。其实，即使我们两人将来结婚，妈妈这种个性，叫我们如何跟她相处？我不知道该怎么办。

咨询师：妈妈个性挑剔，让你觉得很辛苦。哥哥自私，让你觉得很无奈。除此之外，你担心妈妈会坏了你的婚事。这么多的问题困扰着你，你感到真是好无助。

（3）情感反映技术的功能。

第一，基本作用是引导来访者理清其模糊不清的主观情绪世界，对自己有一个整体的认识。

第二，协助来访者了解自己的感受并接受这些感受。

第三，稳定来访者的情绪，让来访者感觉到咨询师能理解和体谅自己，使来访者有安全感并信任咨询师。

【案例 7-8】

来访者：我一直认为您会帮助我决定选择哪一个新的系……（叹息）如果由我做决定，恐怕又会没有结果。

咨询师 1：你一直想转系，可是对能不能适应却没有把握。

咨询师 2：听上去你现在有些消沉，同时自己很想摆脱这个困境。

【案例 7-9】

来访者：你觉得我到底应该怎么办？逃走？反抗？或者屈服？只有忍耐。

咨询师 1：你好像无法摆脱……

咨询师 2：你觉得现在的自己没有机会解决目前的问题，感到沮丧。

咨询师 3：你很想逃避……

咨询师 4：你为此苦恼、困扰，一直无法摆脱。

【案例 7-10】

来访者：你说奇怪不奇怪，我跟您谈话的时候很焦虑，真是莫名其妙，为什么会这样呢？

咨询师 1：你会经常感到焦虑吗？

咨询师 2：你现在跟我交谈，这让你感到很焦虑，这件事让你感到很困扰。

咨询师 3：能不能请你多谈一谈对于我的感受？

咨询师 4：你告诉我，你感到焦虑、恐惧，可是你一直在笑。

（4）使用情感反映技术的注意事项。

第一，不宜打断来访者，尤其在来访者思考时，不要贸然介入，最好在来访者谈话告一段落时使用。

第二，尽量避免直接询问来访者感受，这可能会引起来访者的防御性反应。

第三，反应情感的深度要适当。太浅了，来访者会觉得没有被理解；太深了，又会令来访者困惑和不解。

第四，反映的意义广度要恰好能让来访者正确了解自己，咨询师不宜加入主观的观点。

【课堂操作练习】

在这个学习活动中会出现三段求助者的实际信息，请使用情感反映技术和各种认知学习策略进行练习。你可以通过先大声自我提问，然后进行隐蔽谈话的方式内化这些学习策略。练习的结果应该是你可以大声说出，或者写下这些情感反映的句子。先给出一个例子。

来访者（50 岁，刚失业的工人）：（大声地、愤怒地、双眉紧锁地抱怨，眼睛盯着天花板）瞧，我现在能做什么？我已经失业一年多了，没有钱，没有工作，还要负担家庭。我的知识和技能就这样被废掉了。

自问 1：来访者使用了什么情感词？

没有。

自问 2：来访者的非言语行为暗示了什么情感？

厌恶、愤怒、难过、受挫、怨恨、失去勇气。

自问 3：在相同程度上描绘来访者情感的其他形容词是什么？

似乎是两种感受——愤怒和气馁，愤怒在两者中显得更强一些。

自问 4：与求助者使用的感官词相匹配的合适语句是什么？

"我看……""我清楚你……""从我的角度来看你……"这些句子与来访者的语句"瞧"相符。

自问 5：与来访者情感有关的情境和背景是什么？

失业、无经济来源、没有工作机会。

实际的情感反映回答：我能看得出你由于失业很生气，对未来很沮丧；或者，看起来你因为失去工作和稳定的收入很难过。

第八章　参与性咨询技术（3）
重　复

在咨询过程中，来访者所叙述的内容决定咨询双方谈话的方向。此时，咨询师可以从来访者的叙述中选择重要的部分加以重复，这将会把谈话的方向转到某个重要的主题上。咨询师所重复的内容应当是会谈中值得探讨的关键性主题。否则，将有可能把谈话方向引到一个无关紧要的方向上，使会谈失去意义。也就是说，重复技术是咨询师选择性地重复求助者谈话中的重要词语，来强化来访者谈话内容并鼓励求助者提供与该主题有关的更多的信息。

【案例 8-1】

来访者：我在社交方面有太多的问题，我想我就是一个焦虑不安的人。

咨询师：你认为你是一个焦虑不安的人（重复技术）。

来访者：嗯，前天晚上有一个同学聚会，每个同学好像都非常尽兴，而我感觉被丢到了一边。我肯定，谁也不想与我谈话。

【案例 8-2】

来访者：我对考试的紧张程度是您难以想象的！我能想的只是我会怎样发呆，忘记我所学过的一切，然后，当我到了考场看着卷子，我的大脑一片空白。

咨询师：你一到考场就大脑一片空白。

重复技术具有以下功能与作用：

1. 促进会谈朝着重复方向继续

咨询师通过对来访者所叙述内容的某一点、某一方面进行选择性关注并加以重复，从而引导来访者的谈话朝着咨询师重复方向深入。

【案例 8-3】

来访者，22 岁，某商场职员，女性，因感情问题求助。

来访者：我最近常与男朋友发生冲突，每当这时，我的另一位男性朋友就会陪在我的身边安慰我，慢慢地我发现，他更适合我。而我和我的男朋友的个性都很刚烈、好强，总是互不相让，所以我们常常起冲突。而我的那位朋友就不一样，他个性温和，处处迁就我，跟他在一起，让我觉得好温暖。有一天，我俩相互拥抱热吻了。后来，我们双方都意识到对不起自己正在恋爱的另一半，因此我们约定这种事以后不能再发生。

咨询师：你与他约定，这种事以后不能再发生（重复技术）。

来访者：是啊！他的女朋友也是我的好朋友。他的女朋友最近出差到外地去了，临走时还要我看好她的男朋友。她哪里知道他的男朋友天天跟我在一起，虽然我们两个人没有做对不起她的事，我也跟他约好不再发生那天的事，可是我怕我会控制不住。

咨询师：你怕你会控制不住（重复技术）。

来访者：因为我已经到了一天不见他都不行的地步。虽然见面时我一直克制自己的感情，可是他女朋友还有一个星期才回来，我怕没有办法撑到那个时候。

咨询师重复之后，给了求助者谈话的方向，让求助者顺着咨询师重复的方向进一步说明。

【案例 8-4】

来访者，女性，25 岁，部门职员，因婚姻问题求助。

来访者：我已与未婚夫登记，约定半个月后举行婚礼，可我最近遇到了上大学时心目中的白马王子，当时未敢表露心意，但相遇后，他向我表露了爱意，我不知道还能不能挽回这段感情。

咨询师：你不知道能不能挽回这段感情（重复技术）。

来访者：是啊，就是因为这事，我最近常失眠、心慌，心里很乱。

咨询师：你心里很乱（重复技术）。

来访者：嗯！如果我与现在的未婚夫结婚，我感到自己没有找到真爱，但如果我要悔婚，与我心目中的白马王子结婚，一是不敢向未婚夫提出，二是怕周围人说我脚踏两只船。

咨询师：你不敢对未婚夫提出（重复技术）。

来访者：没错，我很怕伤害他。

来访者顺着咨询师所重复的方向进行说明。

2. 有利于求助者进一步了解自己

来访者表达更多的细节来回应咨询师的重复时，咨询师可以协助来访者进一步探讨问题，了解自己。

【案例 8-5】

来访者，21 岁，大学生，男性，因父亲反对自己恋爱而苦恼。

来访者：我和女朋友已经相爱半年了，可我的父母有不同意见，我母亲喜欢我女朋友，可我父亲反对我在大学里谈恋爱，我为此很苦恼，书也看不进，晚上常失眠，不知怎么办？

咨询师：你不知怎么办好（重复技术）。

咨询师的回答不仅抓住了求助者问题现状的核心，表现出对求助者的理解，而且也协助求助者对困扰自己的问题进行描述，并加以分析，以便进一步了解自己。

【案例 8-6】

来访者，17 岁，中职学生，女性，因为父母过度限制她的行动，她非常不满，前来咨询。

来访者：我觉得自己活得很累，我都快要崩溃了。我的爸妈太保守了，我不想再听他们啰唆了，有时候我真想离家出走。

咨询师：有时候你真想离家出走，不想听他们啰唆（重复技术）。

来访者：爸妈不让我接听男生的电话，晚上回来后也不让我出去，每天放学后，我实在不想立即回家，但如果不是这样，他们又要盘问个没完，让我烦透了。我都 17 岁了，又不是小孩子，我真不知道他们心里在想些什么。

咨询师：你已经 17 岁了，可是父母处处限制你的行动，把你当成小孩子一样看管，这让你觉得很烦恼、很生气（感情反映技术）。

来访者：其实，不管他们如何严格，我仍然有办法游离出他们的视线，但如果他们知道，一定会非常生气。

咨询师：不管他们如何严格，你还是有办法游离出他们的视线（重复技术）。

来访者：他们还不知道我有男朋友的事，不管他们有多严，他们绝对不会想到，我们可以利用中午进餐时间约会。有时候我也会逃课一天，跟男朋友到外边去玩，我的父母是绝对想不到的。

咨询师：听起来，你似乎有些得意（情感表达技术）。

来访者：没错，您不知道，我从小到大从来没有自由过，我很羡慕别人，现在我大了，他们还是这样管着我，不过我会想办法违抗他们的命令，有时我是故意跟他们唱对台戏。

咨询师：有时你是故意跟他们唱对台戏（重复技术）。

来访者：不过有时我又觉得对不起他们。其实，我也知道他们很辛苦，我是独生女，他们把期望都寄托在我的身上。每当他们工作不顺的时候，他们会对我说许多。我的父母都是初中生，我爸当过兵，这一生都靠自己打拼，好不容易混到一个副科长的位置，而他自己的文化程度不高，只能做苦力，那些功名利禄都是别人的，而且还经常受别人欺负。他总希望我能出人头地，为他争光，现在想起来，我爸妈也真可怜，他们将全部的希望寄托在我身上，而我却这样对待他们。不过他们对我的限制也够多了，让我精神负担好重。即便我有一个好的学历，也不一定功成名就，为他们争光。或许我反抗的就是他们加在我身上的无形重担。

咨询师重复来访者部分关键话语，有利于来访者深入地表达，而且透过这些言语，让来访者对自己有更清楚的认识。

3. 有利于咨询师进一步了解求助者

咨询师对来访者所陈述问题的关键信息重复，可以鼓励来访者就该部分问题进一步说明，提供给咨询师更多相关资料。

【案例 8-7】

来访者，19 岁，大学生，女性，因为人际关系问题而求助。

来访者：我不知道我应该如何对待周围的人。从小父母、老师都教育我，要信任别人，要坦诚待人，但是这好像与现实生活有出入。如果我这样做，我就是一个大傻瓜，我都不知道应该相信谁。

咨询师：也就是说，你宁愿不相信别人，以免自己再次受到伤害（重复技术）。

来访者：事情是这样的，阿芳跟我住同一个寝室，我把她当作最要好的朋友，信任她，将自己远在外地的男朋友的 QQ 号告诉了她。没想到，她居然背着我与他在网上聊天。近些天来，我的男朋友对我有些疏远，刚开始我不知道，直到后来他打电话对我说，要与我分手，说有位叫阿芳的大学生对他很好，他们很谈得来，志趣、爱好相投。天哪，我才如梦初醒：他怎么会知道阿芳，分明是阿芳暗自与他联系上了。当我找到阿芳理论时，她却说，对不起，原来她也不是存心的，刚开始只是好奇，可是联系上之后，他们都有些难舍难分了，她居然还说，可能我与我的男朋友真的不合适，我简直要气疯了。我信任她，所以才将自己男朋友的 QQ 号告诉了她，没想到她却背叛了我，还反咬我一口。我告诉自己，以后不能相信任何人，但是每当我以不信任的态度对待别人时，都有罪恶感，觉得自己很邪恶。唉，做人真难！

咨询师重复，鼓励了来访者就该部分做了进一步说明，因此，也帮助咨询师更清楚地了解来访者的情况。

综上所述，来访者叙述的内容决定了咨访双方谈话的方向，使咨询师有可能从来访者的叙述中选择重要的部分，利用重复技术，既可以将谈话方向转到重要的主题上，又可以帮助来访者了解自己，还可以帮助咨询师了解来访者。当然，咨询师所重复的内容应该是值得探讨的重要主题，否则，有可能将话题引导到无关紧要的方向上，浪费双方的精力和时间。

下面让我们来看看，咨询师重复不同的内容所开启的谈话方向有何不同。

【案例 8-8】

来访者：我在班上不是干部，不过，班委会的任何工作我都会积极参与。班上的干部把他们不喜欢的工作都推给我。反正多做事能增强我的管理能力，因此我也没有计较。这样，我每天做许多事情，只要班干部需要。班里的同学对我很满意，辅导员也觉得我不错。就在昨天，辅导员在班上宣布让我担任班长，我成了班里的主要干部。我想，辅导员是考虑到我的能力强，同时乐意为同学们服务才让我当这个班长的。我知道有些班干部会嫉妒，但谁让他们不认真工作呢！

咨询师 1：辅导员考虑到你能力强，乐意为同学们服务，所以让你当班长（重复技术)。

咨询师2：你每天做很多事情，只要班干部需要（重复技术）。

咨询师3：班上的干部把他们不喜欢的工作都推给你（重复技术）。

咨询师4：辅导员在班上宣布由你来当班长，你成了班里的主要干部（重复技术）。

由于咨询师重复的内容不同，开启的谈话方向就可能不一样。

由于重复技术还可以鼓励来访者对咨询师重复的部分进一步说明，因此，这就有可能让谈话的主题更加深入，仍以上述案例为例：

咨询师1：辅导员考虑到你的能力强，乐意为同学们服务，所以让你当班长。

来访者1：是啊，我在高中时作文是很棒的，我又经常看时事新闻，只要班干部要我写，我就会认真地写好并使老师满意，时间一长，辅导员觉得我能力强，更适合当班长，就把这个职务给了我。

咨询师2：你每天做很多事情，只要班干部需要。

来访者2：是啊，因为我想多做事，既可以培养自己的能力，还可以让辅导员和班里同学看到我的表现，这对我入党有好处。

咨询师3：班上的干部把他们不喜欢的工作都推给你。

来访者3：没错，我们班的班长工作不太负责，老师要讨论稿、学习笔记什么的，他都不愿意写，总是一拖再拖。班长以前曾对我说，他想转班学其他专业，反正迟早会走的，他会给辅导员建议让我当班长。

咨询师4：辅导员在班上宣布由你来当班长，你成了班里的主要干部。

来访者4：是啊，辅导员能看中我，我很感激他，想尽力做好班级工作。可另一方面我又有些担心，因为我从小学到高中从未当过班干部，我的组织管理能力并不是很强，我怕万一管理不好，辜负了辅导员和同学们的信任。

来访者就咨询师重复的部分进一步说明，协助咨询师更清楚来访者的状况，也让会谈的主题进一步深入发展。

咨询过程中，重复技术可以随时使用，如咨询师希望将他与来访者之间的谈话引至某个主题，或者在谈话过程中咨询师希望来访者就某一重要部分做进一步说明，都可以使用重复技术来实现。

【课程操作练习1】

下面我们来练习重复技术。

在做此项练习时，咨询师必须先阅读来访者的叙述，然后从三个回应中选择一个适当的回应，并阅读其说明，让来访者就咨询师重复的部分进一步说明。

【案例8-9】

来访者：有人说：婚姻是爱情的坟墓，对爱情忠贞不渝只是一种幻想，所有的一切都是假的。原本我不相信这句话，当我与丈夫经历了一连串的恩恩怨怨之后，我现在绝对相信这句话。

咨询师 1：你认为爱情一切都是假的，让你觉得很失望。

咨询师使用的是情感反映技术，并非重复技术。

咨询师 2：那就是说，你原本不相信婚姻是爱情的坟墓，经过这些事后，你绝对相信这句话了。

咨询师使用的技术是内容反映技术，并非重复技术。

咨询师 3：你现在绝对相信这句话。

咨询师重复来访者叙述中的某个重点部分，正确。

【案例 8-10】

来访者：他当班长已经两年了，每次开班会的情形都是一样。我真怀疑他到底有没有自我反省能力，为什么老是发生类似的问题。

咨询师 1：开会老是发生类似的问题，让你觉得很生气。

咨询师使用的是情感反映技术，并非重复技术。

咨询师 2：两年来，班长组织的班会都没有新意，你怀疑班长缺乏自我反省能力。

咨询师使用的是内容反映技术，并非重复技术。

咨询师 3：开会时老是发生类似的问题。

咨询师重复来访者叙述中的最后一句话，正确。

【案例 8-11】

来访者：我的父母虽然很爱我，可是他们的爱却让我无法忍受。有时我觉得很生气，可是又一想，他们也是因为要保护我才这样做的。

咨询师 1：看起来，父母的爱一方面让你感到生气，可另一方面你也知道他们是为了保护你才这样做的，所以让你觉得无可奈何。

咨询师使用的是共情技术，并非重复技术。

咨询师 2：父母的爱让你觉得很无奈。

咨询师使用的是情感反映技术，并非重复技术。

咨询师 3：他们也是因为要保护你才这样做的。

咨询师重复来访者叙述中的最后一句话，正确。

【课堂操作练习 2】

两人一组，进行角色扮演。

【练习 1】

来访者，30 岁，公司职员，女性，因亲子关系问题而求助。

来访者：我母亲总是把我当小孩子看待，而我都已经 30 岁了。上个星期，她当着我一群朋友的面，拿来了雨靴和雨伞，然后给我讲了一通在不好的天气下怎样穿戴它们，我真觉得我母亲的做法好笑。

咨询师：你觉得你母亲的做法好笑。

【练习 2】

来访者，40 岁，公司职员，女性，因亲子关系问题而求助。

来访者：我与儿子的关系不错，尽管我不完全满意。

咨询师：不是完全满意。

【练习 3】

来访者，17 岁，中学生，男性，因青春期情绪不稳定而求助。

来访者：13 岁以前我一直是好好的，现在我开始讨厌自己了，不想成为小青年。我讨厌所有这些变化——所有让人为难的事情，包括不同的感情。我是那样的敏感，我开始感到生活会越变越坏，而不是越来越好，我在这种想法里面转不出来了。

咨询师：你在这种想法里面转不出来了。

【练习 4】

来访者，20 岁，大学生，女性，因亲子关系问题而求助。

来访者：由于过去的经历，我现在的生活很悲惨。我的父母对我漠不关心，甚至经常毫无理由地恨我。只要他们过去能多给我一点爱，我也不会落到今天这步田地。我是从没有欢乐的环境中产生出来的废品。

咨询师：你认为自己是从没有欢乐的环境中产生出来的废品。

【练习 5】

来访者，16 岁，中学生，男性，因青春期的逆反心理而求助。

来访者：我不能肯定我在家里生气不是别人惹的，我想这是我坚持自己独立性的一种方式。如果我不去理会，听任他们为所欲为，我就成为家里的一块门垫了。而且正如在您的帮助下我所领悟到的，坚持己见应该是我风格的一部分。我想您把我看作一个讲道理的人，在您这儿我就没有生气，因为我没有理由这样做。

咨询师：你在这儿没有生气，因为你没有理由这样做。

总之，咨询师重复的部分，必须是来访者问题的核心，是值得探讨的部分；是来访者说的话，而不是咨询师用自己的语言来重复；是来访者此时此刻的感受和想法，而不是过去的经验；是来访者本人的感受和想法，而不是别人的。一般情况下，最后的信息常常比其他部分更重要，可选择重复。

第九章　参与性咨询技术（4）
具体化

咨询师在聆听来访者叙述时，若发现来访者陈述的内容有含糊不清的地方，咨询师可以"何人、何时、何地、有何感觉、有何想法、发生什么事、如何发生"等问题来协助来访者更清楚、更具体地描述其问题。

来访者描述自己的问题时，可能因为自尊、面子、过去的痛苦经验或其他原因，只提取某一部分对自己有利的信息，因而描述的内容模糊不清。

咨询师可以借用开放式的问句，如：

"你的意思是……"

"你说你觉得……你能说得更具体点吗？"

"你是怎么知道的？"

"你所说的……是指什么？"

"你能给我举个例子吗？"

【案例 9-1】

来访者：我再也不想看到他，我对他一片真心，处处为他着想，没想到他竟然这样对待我。"衣要新，人要旧"，他连这个道理都不懂，有了新朋友，就忘了我这个老朋友，甚至把我一脚踢开，真是忘恩负义。

咨询师：你们之间似乎发生了一些事，让你很生气。你能具体谈一谈吗？

1. 运用具体化技术的四个关键点

首先，要确认来访者的言语和非言语信息的内容——来访者告诉你了什么？

其次，确认任何需要检查的含糊或混乱的信息。

再次，确定恰当的开始语，如"你能描述……""你能澄清……"或"你是说……"等，并用疑问口气而不是陈述口气进行具体化。

最后，通过倾听和观察来访者的反应来评估具体化的效果。

【案例 9-2】

来访者（15 岁的高中生）：我的成绩正在走下坡路，我不知道为什么，我对任何事情都感到失望。

咨询师 1：你是说一些特别的事情使你感到失望吗？

咨询师 2：你能描述失望的感受像什么吗？

2. 具体化技术的功能

第一，避免漫无目的的谈话，使咨询双方始终围绕主题。

第二，协助来访者进一步了解问题，产生顿悟。当来访者表述含糊不清时，往往反映出其思维混乱。具体化技术可以帮助来访者进一步明确自己的感受和想法。

第三，促使来访者进行实际有效的问题探讨、问题解决及行动计划。具体化技术可以帮助盲目抱怨的来访者从含混不清的情绪中走出来，进行建设性的思考。有时候，来访者会说一些与他自身环境背景有关的词汇，这些词汇往往具有特定的含义，咨询师一经发现就应及时了解其含义，避免来访者含混、概括地进行界定。

【案例 9-3】

来访者：我听说，虽然现在社会比以前开放很多，可是男人对女人的要求还是不变。

咨询师 1：你能告诉我这些话是谁告诉你的吗？男人对女人的哪些要求一直没变？

咨询师 2：男人对女人的要求不能随社会的变化而改变，这让你觉得失望。

咨询师 3：虽然时代在变，可是有些男人的观念还是不变，他们是既得利益者，当然不肯放手。

有时，来访者所谈的经验、行为与感受模糊不清、概括或过度简化，使用具体化技术可以使问题更加明朗、清晰。

【案例 9-4】

来访者：有时我真想彻底地摆脱它。

咨询师 1：听起来好像你要与什么分开并独立。

来访者：不，不是那样。我不要独处。我只是希望能从不得不去做的所有工作中解脱出来。

来访者：有时我真想彻底地摆脱它。

咨询师 2：你能为我描述"彻底摆脱它"的意义吗？

来访者：我有太多的工作要做——我总感到落在他人之后，负担很重。我想摆脱这种难受的感觉。

【课堂操作练习】

来访者（一个四年级女生）：我不想做这些该死的作业。我不要学习数学，反正女孩子不需要知道这些。

● 她告诉我什么？
● 有任何含糊或遗漏的信息需要检查吗？如果有，是什么？

● 我如何澄清？

实际的具体化回答：

咨询师 1：你不想做数学作业，因为你觉得女孩子不需要知道这些。你是怎么知道女孩子不需要知道这些呢？

咨询师 2：你不想做数学作业，因为你觉得女孩子不需要知道这些。你是一直这么想的吗？

3. 使用原则与注意事项

第一，不宜事无巨细地询问，从而失去咨询的方向与重点。具体化的内容应该具有针对性，否则会让来访者感到厌烦。

第二，有时来访者语焉不详可能是一种防御，具体化可能会引起来访者的抗拒，咨询师对此要敏锐地觉察。这些阻抗往往反映出来访者内部的冲突，如果解决得好，来访者的问题便有了突破的方向。

第三，应少问"为什么"。"为什么"用得太多也会使谈话流于理性思考而阻碍来访者的情绪表露，并且会使来访者产生被审问的感觉，从而加强防御。

第四，与共情技术共同使用，才不会使对话变成质问。

第五，咨询师使用具体化技术时，必须做到：

咨询过程中需用心倾听来访者的叙述，才能发现来访者叙述中含糊不清的地方。

为了更贴近来访者的感觉，运用具体化技术时可以搭配其他技术，如开放式提问、内容反映技术和情感反映技术等，让来访者愿意进一步说明。

如果来访者的叙述有一个以上含糊不清的地方，咨询师可以选择关键性的部分，让来访者描述该部分的细节。

咨询师本身的反应也要针对来访者特殊的、独一无二的情况来进行，不可随便使用一些常见和普遍性的词汇或随便给来访者贴标签，如"我觉得你太自卑""你的性格过于内向""你是一个悲观主义者"等。

【案例 9-5】

来访者，21 岁，大学生，男性，因学业问题而求助。

来访者：我是父母三个儿子中唯一考上大学的，父母把全部期望都寄托在我身上。为了我，他们耗尽了心血，可是我的学习越来越不行了，真感到对不起他们。

初中开始，我对英语很感兴趣，由于小学基础很好，所以，初中每次考试我的总成绩都名列前茅，而英语成绩总是排在第一。为此，老师经常在班上表扬我，这使我感到非常自豪。这样，我顺利地考入了我们当地的重点中学。进入高中的第一次英语考试，我是全班的第一名，为了保持第一名的好成绩，我几乎把全部的精力都用在学习英语上。其他课我都不感兴趣，有的甚至根本不听。这样，每次考试，尽管我的英语仍然保持在前两名，可我的总成绩却逐渐下滑。到高一下学期，我排在全班倒数几名了，老师、父母都劝我不要偏科，可我总是听不进去。就这样，我父母让我重新再读高一。读高一的第二年，我的成绩有点进步，英语在班上一直排在一二名，总成绩在班上算中下游水平。

进入高二后的第一次英语考试，我排在第三名，我急得不行，我想英语我从来没有落后过，而且，这是我唯一感到自豪的，我怎么能让我的英语成绩也掉下去呢？当我有这种想法后，我就重蹈覆辙，几乎把全部的精力再次用到了英语学习上。我也知道这样不好，可是我就是不愿意放弃。高二下来，成绩非常糟糕，父母又让我复读，这样我又重读了高二。这次复读效果还是很差。我知道这是强迫心理在作怪，可是我就是不愿意放弃英语。进入高三后，我的心理状况越来越差，高三下学期，我几乎不能学习了，医生诊断后说我患了"强迫性神经症"，最终住院两个月。后来，我参加了高考，但只考了300多分，最终以预科生的身份进了一所高职院校，而且预科考了两次才通过。我现在对学业完全不感兴趣，我不知道自己整天都在干什么，我也不知道将来该怎么发展，我真是对不起我的父母！（掉泪）

咨询师：你目前的处境让你感到既迷茫，又伤心内疚（情感反映技术）。

来访者：没错，我并不比别人少用功，可是我只考上了高职院校的预科。难道我这辈子就没有上本科院校的命？

咨询师：你比别人用功得多，却得到这样的结果，你不得不怀疑，命运对你不公（内容反映技术）。

来访者：读小学、初中时，我比哥哥和弟弟的成绩都好，父母对我寄予了全部期望。（1）特别是我以初中前几名的成绩考到县重点高中后，每次在亲戚朋友面前，父亲总是夸我成绩好，我看得出来，别人都以不同的眼光看我，可那时，我总觉得很不自在。（2）高一时，我代表学校参加了几次英语比赛，还拿奖了。我觉得自己太爱英语了，所以我把全部精力放在了英语学习上。（3）班主任和其他任课老师多次找我谈话，要我注意全面发展，把其他功课也搞好。我认为，英语才是最重要的，其他课不好，以后还可以补，英语要是跟不上，那就步步跟不上了。（4）所以，老师的话我没听进去多少，依然我行我素。我的总成绩在班上连连下滑，那些过去很羡慕我的同学，好像也不再正眼看我了，我出现了很大的心理落差。（5）我也曾努力过，可没用。我又想，我的总成绩上不去，可我的英语还是班上一二名啊。那时，其他课都吸引不了我的兴趣，整天想的只有英语。高一两年和高二两年我都是这样过来的。到高三时，其他功课落得太多，怎么赶也无济于事，是命运把我推到了这步田地。上大学时，父母要我学英语专业，他们认为我一定能学好的，可是我担心自己对英语一点兴趣都没有了。（6）就这样耗费了两年时光。再有一年我就要毕业了。暑假时，我与父亲到省城一个亲戚家，想打听一下我毕业后找工作的事，没想到亲戚说，这年头连本科生都不好找工作，更不用说专科生了。当时我愣住了，我想这下完了，我找工作没戏了。（7）那天晚上我和父亲住在亲戚家，很晚我们都没睡着，谈了些我个人的事，父亲对我有些埋怨。（8）从省城回家后，好长一段时间我的心情都不好，总感觉自己一无是处，前途渺茫。那个暑假我过得很不开心。（9）返校后，看到别的同学充满活力，整天上课、进图书馆、参加课余活动什么的，而我觉得他们很好笑，找不到工作这些都是白费劲。老师，我觉得人生实在太没有意思了。

以下就画线部分内容使用具体化技术协助来访者更详细、更具体地描述问题，并将谈话转到该目标上去。

咨询师1：你刚刚谈到，读小学、初中时，你比哥哥和弟弟的成绩都好，为此父母对你寄予了全部期望。（内容反映技术）你能告诉我，父母对你的期望是什么吗？（具体化技术）

以上具体化技术的运用使得谈话目标转至探讨给来访者带来巨大压力的父母的期望。

咨询师2：你说每当父亲在亲戚面前夸你的时候，亲戚们都以不同的眼光看你时，你觉得全身不自在（情感反映技术），请你对这部分再多说一些？（具体化技术）

以上具体化技术的运用使得会谈目标转至来访者对亲戚目光的注意以及来访者相关的感受和想法。

咨询师3：你觉得你太爱英语了，所以你把全部的时间都用在了英语学习上了（内容反映技术），你告诉我，你认为只学好英语和参加高考的关系是什么？（具体化技术）

以上具体化技术的运用，将会谈目标转至探讨来访者对单纯学习英语与参与高考的理解与想法。

咨询师4：你认为英语每一步都要跟上，其他科目跟不上无所谓（内容反映技术），你能就其他课程与高考的关系谈谈你的看法吗？（具体化技术）

以上具体化技术的运用，将会谈目标转至探讨来访者对"学习其他课程与高考的关系"。

咨询师5：你说当你的成绩在班上连续下滑时，有些同学都不把你放在眼里了。那时，你内心出现了不平衡（内容反映技术）。告诉我，同学们是怎样对你的？让我更清楚你当时的感受。（具体化技术）

以上具体化技术的运用，将会谈目标转至探讨来访者对同学的语言、行为的感受和想法。

咨询师6：上大学时，父母让你学习英语专业，可你担心自己对英语失去了兴趣（内容反映技术）。告诉我你对英语的兴趣有哪些改变？（具体化技术）

以上具体化技术的运用，将会谈目标转至探讨来访者"失去学习英语的兴趣"的原因以及来访者"失去学习英语兴趣的感受和想法"。

咨询师7：当你在省城亲戚家听说专科生不好找工作时，你感到心灰意冷（共情技术），告诉我，你是怎样看待专科生的？（具体化技术）

以上具体化技术的运用，将会谈目标转至探讨来访者对专科生找工作的恐惧以及来访者相关的感受和想法。

咨询师8：你说那晚你与父亲住在亲戚家时，谈了许多关于你个人的事，而且你父亲埋怨你（内容反映技术），你能告诉我你们谈论的内容吗？（具体化技术）

以上具体化技术的运用将会谈目标转至探讨来访者与父亲的谈话内容以及来访者对这些内容的感受与想法。

咨询师 9：你刚刚提到，你那次从省城回家后，心情很糟糕，感觉前途一片灰暗（情感反映技术），你能就这部分内容再多谈点吗？

以上具体化技术的运用将会谈目标转至探讨来访者对未来失去信心的根源以及来访者的感觉和想法。

咨询师 10：你刚刚谈到，别的同学对学习充满了热情，而你却认为同学们的这些行为很可笑。而且，感觉人生无味（情感反映技术）。你告诉我你认为同学们的哪些行为让你感觉可笑？（具体化技术）

以上具体化技术的运用将会谈目标转至探讨来访者对学业、未来一片茫然、不知所措的感觉和想法。

总之，就以上画线部分，咨询师使用具体化技术后，将谈话转至某个目标或方向，使谈话内容更加深入。

综上所述，具体化技术可以运用于咨询过程中的任何时刻和任何阶段。

第十章　影响性咨询技术（1）
内容表达与情感表达

表达技术是指咨询师向来访者传递和告知自己的思想和情感，让来访者明了的一种技术。

表达技术包括内容表达和情感表达。内容表达技术是指咨询师用于传递信息、提供建议、提供忠告、给予保证、进行褒贬和反馈等。

咨询师：我希望你认真考虑一下我的建议，如果你那样做，我想效果会好些。

1. 内容表达与内容反映的区别

内容表达是咨询师表达自己的意见，直接对来访者施加影响。

内容反映是咨询师反映来访者的叙述，参与来访者言语、思想的探讨。

【案例 10-1】

来访者：我们寝室经常有人用我的洗衣粉、牙膏等生活用品，我不跟别人计较，结果吃亏的总是我。日子一长，寝室同学都认为我好欺负，不把我放在眼里，别人对我说起话来也居高临下，颐指气使。

咨询师 1：因为你不喜欢跟别人计较，所以别人不在乎你、占你的便宜。

咨询师 2：我希望你能把自己的生活用品管理好，不让那些占小便宜的人得逞，这样或许会好些。

【案例 10-2】

来访者：昨天我休息，我坐在寝室的床上什么也不干。我有些作业要写，但我就是无法从床上起来做事。

咨询师 1：你在休息日做事有一些困难。

咨询师 2：如果你能在休息日有一个计划安排，或许既能休息好，又能把该做的事做完。

【案例 10-3】

来访者：父母在我 12 岁的时候就外出打工了，有时过年他们也不回家，初中、高中我都是在亲戚家度过的。因为长期见不到父母，也很少与父母联系，我内心很苦恼，学习效果不好，也没有上小学时成绩好。

亲戚虽然对我不错，但由于我性格内向，很少主动跟他们讲话。每当我在一旁看到他们的孩子跟他们那么亲近时，我就觉得自己是一只"可怜虫"。特别是高考的时候，前几场考试亲戚家的人还在校门口等我，最后一场考试因为他们没有时间，所以我只好一个人去。当考试结束我走出考场时，看到别的父母都等在那里接自己的孩子，而我一个人独自回家，心里真不是滋味。而且我回家的时候，他们全家人都在吃饭，他们只说了一句"吃饭吧"，也没问我考得怎么样，我更是觉得心里特别难受（流泪）。

咨询师 1：是啊，如果你平时主动与亲戚家的人讲话，处理好与他们的关系，你就能获得他们对你的好感。而且你父母应该在你高考的时候回家，这一点你的亲戚肯定也有想法。

咨询师 2：如果你当时能与父母保持联系，如打电话、写信，或许你就不会这么难受了。

2. 内容表达的方法

咨询师常以反馈的形式提出自己对来访者的种种看法，以此让来访者了解自己的状况，咨询师往往通过来访者的言语或非言语反应中得知自己的反馈是否正确，从而相应地做出调整。

咨询师在使用内容表达技术时可能会对来访者提出一些忠告和建议，所以咨询师一定要注意自己的措辞，要尊重来访者，比如"我希望你……""如果你能……或许就会更好"，而切不可说"你必须……""你一定要……""只有……才能……"，否则，会让来访者感到咨询师把一些思想和观念强加于自己。

3. 情感表达与情感反映的区别

咨询师向来访者传递自己的情绪、情感活动，让来访者明了，即为情感表达。

咨询师的情感表达既可以针对来访者，如"我觉得你心累"；也可以针对自己，如"我很抱歉，我没有听清楚你刚才所说的话"；或针对其他事物，如"我喜欢运动，我觉得运动能使我增强活力"等。

情感表达是咨询师表达自己的喜怒哀乐，而情感反映是咨询师反映来访者叙述中的情感内容。

【案例 10-4】

来访者：我不知道人活在世上到底要干什么？每天要做的事几乎一样，吃饭、睡觉、上课、进图书馆、玩电脑。每天都做一样的事，这种日子有什么意义，人活着难道就只有这些？生命的意义到底在哪里？

咨询师 1：你感到很困惑。

咨询师 2：我觉得你感到很困惑。

【案例 10-5】

来访者：别人都说恋爱会带给人一种浪漫、温馨的感觉，可我谈恋爱后，却很痛苦。我曾单恋一位女生。那时我觉得她各方面都很迷人，令我如痴如醉。一天不见到她，我就寝食难安。后来好不容易成为她的男朋友，一开始，我欣喜若狂，感谢老天爷赐给我天仙美女。可是不久我却发现，她一点也不可爱，不仅自私、任性，而且有许多不良的生活习惯，不知为什么，现在只要一接到她的电话，我就心烦，没有耐心跟她说话。如果恋爱是这样的话，我宁愿不要。

咨询师1：没有谈恋爱之前，你对对方无比渴望与思念，可是，跟对方谈恋爱后，你却对她无比失望和厌恶。

咨询师2：我认为你迷恋对方时，是因为你一点也不了解她，因而将她美化了。当你进一步了解她，发现她有许多缺点之后，你又对她失望和厌恶了。

4. 情感表达的作用

正确使用情感表达，既能体现咨询师对来访者设身处地的反应，又能传达咨询师自己的感受，也能使来访者走进咨询师的内心世界，去了解咨询师的人生观和价值观。此时咨询师起到了示范和榜样的作用，它将促进咨询关系的发展，也更有利于来访者的自我表达。

【案例 10-6】

来访者：我从小对自己没信心，总认为别人比自己行，遇到什么事总拿不定主意，想让别人告诉我如何做（头低下，眼睛看别的地方）。最近我觉得不能再这样下去了，因为大家都有自己的事，有时根本顾及不了我，这让我觉得自己是多余的（头依然低下，声音降低、微弱）。

咨询师1：我感受到你由过去没自信到现在想改变自己，从自卑、无助、困扰到觉醒。

咨询师2：我觉得你太自卑了，这种有求于别人的日子你觉得再也不能过下去了。像你这种优柔寡断的人我见得多了，说是想改变，可我觉得你做不到，这对你来说太难了。

使用情感表达技术时应注意：

第一，咨询师所做的情感表达应该有助于咨询的进行，而不是单纯地表达情感。只有当咨询师把这一技术用于服务来访者，促进咨询关系的发展和咨询效果的提高时，它才能发挥更好的作用。

第二，内容反映和情感反映是陈述来访者的言行，而内容表达和情感表达则是讲述咨询师自己的所思所感。比较起来，作为影响性咨询技术的内容表达和情感表达比作为参与性咨询技术的内容反映和情感反映对来访者的影响力更公开、主动、直接，作用也更大。

第十一章　影响性咨询技术（2）
自我开放

自我开放也称自我暴露、自我表露，指咨询师有意识、有目的地表露自己的信息，把自己与来访者类似的情感、思想、经验与其分享，协助来访者进一步了解自己感觉、想法、行为以及行为产生的后果，并从中得到积极的启示。

咨询师与来访者分享自己的经验，最基本的目的是让来访者领悟到咨询师也是平凡的人，将自己与咨询师放在平等的位置上，并且愿意对问题负责。当来访者认为咨询师也像自己一样被类似的问题所困扰时，就可能客观地看待自己，并且增强战胜困难的勇气。

【案例 11-1】

来访者，20 岁，大学生，女性，因个性问题求助。

来访者：我这个人挺内向的，不爱说话，并且身体不是特别好。班里组织的一些活动，如运动会、文艺演出什么的，大家都不会想到我。除非实在缺人手，可能才会想到我。其实，有时候我也很想参加，但是我又不好意思提出来，我觉得这样挺孤单、挺没劲的。

咨询师：我上学的时候爱踢球，可是，学校里很多时候都不选我，我当时的感觉和你现在差不多，我也是费了好长时间，才改变了这样一种状况，我想如果你愿意的话，我们可以一起讨论，看看怎样解决你的问题。

1. 运用自我开放技术的意义

咨询师运用自我开放技术，能够使来访者感到有人理解他的困扰，知道咨询师也是一个普通人，这样有助于建立并促进咨访关系。

2. 自我开放的原则和注意事项

（1）需建立在一定的咨访关系上。先与来访者建立起便于倾听的初步的良好基础。

（2）开放的内容、深度、广度都应与来访者所涉及的主题有关。中等程度的开放有更积极的效果。

（3）注意咨询师自我开放的时间，即咨询师开放自己信息的时间量。

（4）咨询师进行自我开放的句子应保持一定程度的简洁。

（5）咨询师自我开放的内容和情感应与来访者接近。如："你所提到的考试前紧张，我以前也有这种体验，每到大考前，我就开始不安、烦躁，晚上睡不好……但不知你这时看书的效率怎么样？"

（6）应该考虑自我开放的适宜对象。例如：对于具有严重进行性心理疾病的来访者，需慎用；对于人格障碍的来访者，不要使用；对于青少年来访者非常适宜；对患有适应障碍、焦虑障碍、创伤后应激障碍和情绪障碍的来访者是常用技术。

【案例 11-2】

来访者小 Z，30 岁，无业人员，同性恋男子，因其同伴离开自己，感到十分苦恼而无助，此次咨询是由曾具有同样经历的男咨询师负责。

来访者：与我一起 6 年的同伴最近离开了我，与另一个人结合。我想，他是否觉得我没有魅力了？我很厌恶自己。我不断地怀疑，我是否应该走不同的路——如果这是因为我的错造成的话。这让我觉得我一定是做错了什么。我不断地想，要是我做了这个或那个，他也许就不会离开了。

咨询师：小 Z，我也有过类似的经历，我花了很长时间才了解到那不是我的错，无论我做什么或怎么做，我的伴侣仍然会离开。我的经验对你来说能有什么帮助吗？

来访者：哦，我很惊奇像这样的事也曾发生在您身上。您好像挺过来了。我想，如果这也会发生在像您一样的人身上，也许那不完全是我的原因。

【案例 11-3】

来访者：我似乎一切都不成功，我是一个失败者，我无论怎样玩命地工作，从来没有感到自己达到了标准。

咨询师 1：我能感觉到，你这么努力工作但没有感到成功，这是一种多么艰难的感觉。我也有时为此而痛苦，但渐渐地我学会对自己更加宽容，让自己放松。这些和你的感觉有关吗？

咨询师 2：不要对自己要求过高，事情过得去就行。你这样玩命地工作，有可能是你的方法不得当。我也曾经像你这样傻乎乎地干过，后来我发现自己全错了，我就改进了自己的方法，不也就好了吗？

咨询师 3：我刚参加工作时也给自己定了很高的工作目标，在我工作一段时间后，我就问自己，这个目标适合我吗？事实告诉我，我的目标有些不切合实际。我就调整自己的心态，重新拟定目标，我成功了，并没有像你这样，目标不对就情绪低落，全盘否定自己，那怎么行呢？

【案例 11-4】

来访者：我曾经深爱过我的一位老师，自从他离开人世后，我一直过得很不安稳，我想再找一个像他那样的知音，可是却一再失望。我觉得全世界的人都很庸俗，在这个校园里没有人可以像他那样使我动心。渐渐地，我觉得自己很孤单。后来，我干脆不参与社交，独来独往，可是每当夜深人静的时候，那种孤独的感觉常常会让我痛不欲生。

咨询师 1：我觉得你想法有些偏激。知音本就难寻，如果将自己封闭起来，就更找不到知音了。我以前的想法就跟你一样，结果弄得没有人愿意跟我在一起，大家都认为我很孤僻。我想，如果你再这样下去，不但找不到知音，还可能失去你现在的朋友。到那个时候，你不但没有知音，可能连一个普通朋友都没有了。

咨询师 2：我以前也曾与你有类似的经验和想法，可是没有坚持多久，我就退缩了，没有朋友的日子太可怕了，连找个说话的人都找不到。最可怕的是，有一次我一个人上街买东西，被人抢了钱包，结果身边一个人都没有，那时，我觉得好恐怖，好无助。所以，我劝你不要脱离朋友，关键时候朋友会给你很大的帮助。

咨询师 3：自己相知相惜的人离开后，觉得整个世界没有人能与他相比，最后让你陷入最深的孤独，这种经验我曾有过。我的女朋友意外去世以后，我也曾一度觉得全世界再也找不到可以与自己心心相印的人了。经过一段痛苦孤独的日子以后，有个女孩告诉我，她想与我交朋友，她认为她虽然未必与我过去的女朋友一模一样，不过她有她的特色，至少应该给她机会，我想这也是给自己机会。刚开始我有些被动，甚至排斥，但渐渐地我觉得她的想法也不无道理，封闭自己当然没有机会找到合适的人，所以我决定冒险试一试。

3. 自我开放技术的功能

（1）增强彼此的吸引力，促进来访者更多的自我开放。

通过咨询师自我开放，让来访者了解原来有人与自己有一样的经历，有助于来访者信任咨询师。这一技术对于所有的来访者都很重要，来访者可能需要咨询师进行一些自我暴露，让自己感到安全。来访者受到具有类似经验的咨询师的鼓励，愿意卸下防卫，敞开心扉，与咨询师一起探讨自己的问题。

【案例 11-5】

来访者，17 岁，高三学生，男性，高考前参加美术专业课程培训考试，三个月后回学校上课，成绩差，自认为受到老师和同学的排斥而想休学。在前 5 次咨询中，来访者宣泄了对老师与同学的愤怒情绪。

来访者：虽然我对他们的痛恨已经不再像以前那样，不过，要我继续在原班上课实在痛苦，我不能整天一个人默默无声，没有人可以说话。

咨询师：虽然你已经原谅他们，可是如果继续在原班上课你还是会像以前一样痛苦（内容反映技术）。

来访者：或许我可以忍受他们的冷嘲热讽，可是我不能没有朋友。

咨询师：你不能没有朋友（重复技术）。

来访者：是啊，我可能会不断地到别的班找其他朋友，不会待在原班。可是，我总不能每一节下课都往别班逃，那不是很奇怪吗？

咨询师：你觉得自己的班容不下自己，你不得不往别的班逃，这让你觉得很委屈（共情技术）。

来访者（低下头，流泪无语）：……

咨询师：我曾经有过一段经历，虽然跟你的情况不完全一样，可是却有点类似。那是在我读初二时，因教学质量问题，家人要我转学到另一所学校去插班。刚开始时，因为不认识班上的任何同学，过得非常孤独，很痛苦，所以每到周末，我都会跑到我原来的学校去找好朋友玩。将近一个月，我觉得自己好像天外来客一样，心里怪怪的（自我开放技术）。

来访者：是的，是的，就像天外来客一样，孤立在天地之间，找不到一个可亲近的人……

一般来说，咨询师的这种自我开放应比较简洁，因为目的不在于谈论自己，而在于借自我开放来表明自己理解来访者的感受，促进来访者更多的自我开放。

（2）产生示范作用。

咨询师的自我开放的经验有助于来访者了解自己的行为可能产生的后果，并将其作为解决问题的参考。

【案例 11-6】

来访者，26 岁，公司职员，男性，因失恋痛苦求助。

来访者：其实我也想把她忘了，您知道这种失恋的痛苦真是挺难受的。我不想整天尝这种痛苦的滋味，朋友也劝我说：天涯何处无芳草？坦率地讲，我也想找回自己的春天，重新开始，可是我忘不了她，所以我很痛苦。

咨询师：我理解你此时的心情，因为我也有过与你类似的经历。我跟女朋友分手后也曾痛苦过。但有一天，一件事情让我改变了自己的心态。我的一个亲戚患了肺癌，医生说他顶多只能活四个月，我听到这个消息后，好像突然醒悟似的。我想，如果我是他，也只能活四个月了，我会怎样？我痛恨自己把生命浪费在无可挽回的事情上。在痛哭一场后，我告诉自己，我要重新生活，不能再这样下去了。我感谢这个亲戚，是他让我正视今后的生活该怎样过这个问题。

分享咨询师的经验是咨询师咨询风格的核心，这种自我开放容易被来访者接受。这时，新的视野得以拓展，新的行为可能性得以展现。有人说，这种自我开放本身就是一种挑战。其理由有两个方面。一方面，这种自我开放是一种亲密性的形式，而对于某些来访者来说，是不容易招架的。另一方面，对于来访者来说，亲密性蕴含着间接进行挑战的内涵，就是"你也能做到这一点"，因为即使咨询师的自我开放涉及曾经的失败经验，通常所谈的也是最终被克服的问题层面。下面，我们可以引入一个例子。

咨询师埃里克森与另一个具有若干成长问题的来访者蒂尔已进行了几次会谈，这位来访者几乎对生活中的每一件事情都过于小心。

咨询师（埃里克森）：我十多岁读高中时，因为偷东西被撵了出去。我感觉我完了。我的家庭是极为传统的，将偷东西视为最不体面的事，我们为此特意搬家（自我开放技术）。

来访者（蒂尔）：这对你有什么影响呢？

埃里克森简要地讲述了自己的故事，一个包含着挫折的故事——与蒂尔的故事并无本质性差异，但最终有一个成功的结果。埃里克森并未将自己的故事过分戏剧化。事实上，咨询师的故事清楚地表明，成长的危机是正常的，关键在于如何进行解释和处理。

（3）为来访者带来希望，使其集中注意力探讨问题的关键部分。

咨询师运用自我开放技术，可以引导来访者注意某些重要的信息，并且沿着该方向做更深入的探讨。

【案例 11-7】

来访者，22 岁，高职三年级，女性，学业优秀，因家庭贫困，不能专升本而心情低落前来求助。

来访者：我的好几个要好的同学都报考了专升本，我好羡慕她们，好想与她们一道去深造。可是，我的家境不好，父母盼着我快点毕业挣钱养家。她们去考试那天，我独自一个人躲在被子里哭，我恨自己为什么出生在一个贫穷的家庭。哭过一阵之后，我又开始自责，觉得自己的要求太过分了，自己是独生女，父母年岁已大，而且母亲一身病，我不挣钱养活他们，谁来养活他们呢？

咨询师：你羡慕可以参加专升本的同学，怨恨自己的出身，可一想到自己年迈多病的父母，又自责不已（共情技术）。

来访者：其实，我无法怨恨家庭，只能怨恨自己，别人不用费力就可以得到的东西，我却必须付出很多努力才可以拥有。我害怕那种为了小小的需求就筋疲力尽的感觉，所以我努力读书，想出人头地，摆脱自己贫困的现状，没想到我还是摆脱不了。

咨询师：你想借助刻苦读书来摆脱贫穷，没想到，自己仍然壮志难酬，因此有满腔的怨恨（共情技术）。

来访者：是的，我的怨恨很多，因为我的努力都是瞎子点灯——白费油。这个社会好像只要有了钱，什么目标都可以实现。我有学识、能力，但没有钱还是白搭。

咨询师：我也曾有过你类似的经验。那时，我刚成家不久，工资不高，只能勉强度日，家中还有老人、弟弟、妹妹，哪有钱让我继续深造？眼看着过去跟我差不多的同事一个个都拿到了更高的学历，而我却一事无成，见到那些同事我有时连头都不敢抬，心里好苦，却说不出来。那段时间，我感觉似乎所有的希望都破灭了（自我开放技术）。

来访者：没错，我现在的感觉就是这样，对自己、对未来感到绝望，似乎有点想放弃自己。我想，如果我不对自己和未来抱有希望，我就不会失望，就不会这样痛苦。好像争来争去，结果都一样。认命了，就可以减少痛苦。

咨询师：你想借认命来逃避失望的痛苦，避免自己再度受到伤害（内容反映技术）。

来访者（流泪）：……我害怕自己有希望，希望对我来说就是失望和痛苦。我觉得好累，我已经没有力气努力了，我觉得很累。

咨询师：我也曾有过你这种感觉，觉得自己再也没有力量站起来面对挑战，当时我知道自己内在的情绪无法缓解，所以我决定先处理自己的情绪，让自己冷静下来，再思考自己的未来（自我开放技术）。

来访者：说到情绪，我不知道自己是否有许多的情绪，只是觉得心里很难受，很想骂人，很想打人，更想好好大哭一场。

咨询师：再多描述点你的感觉（具体化技术）。

咨询师的自我开放，将谈话方向转至来访者的深层情绪探讨，协助来访者深入探索自己的情绪问题。

（4）帮助来访者从其他不同的选择视角进行思考。

来访者被问题所困扰，陷入情绪混乱状态，咨询师的自我开放可以让其另辟蹊径，不再固执，找到可能解决问题的方法。

【案例 11-8】

来访者，20 岁，大学生，女性，因无法实现父母的期待深感焦虑不安。

来访者：我对自己很不满意，其实我来到大学后也很想用功读书，可每一次的计划都无法实现，每当晚上躺在床上，我就在想，我今天都干了些什么？可是却常常发现自己该做的事情总是没有做完或者没有做好。因为这样，我不断地骂自己没出息，但我会重新给自己一次机会，重新立志。就这样，每天重复同样的事。我已经厌倦了这一切，我讨厌我自己。

咨询师：因为缺乏毅力，你无法如期完成该做的事情，即使不断给自己机会，仍然重蹈覆辙，你对自己很失望（共情技术）。

来访者：没错，我对自己失望极了，我的父母对我寄予了很高的期望，希望我能顺利考上研究生，将来有一个好前程。我的父母都是高中生，因为各种原因他们没能上大学，许多愿望没能实现，他们总希望我能替他们去实现，为他们争光。父亲就常常对我说，一定要比他们强。

咨询师：你觉得辜负了他们，自己很内疚（情感反映技术）。

来访者（声音低沉、含泪）：每当我责备自己的时候就会想到，父亲为了养家糊口含辛茹苦地工作，母亲下岗后每天起早贪黑在街上给人擦皮鞋为我挣学费，真的不容易。我一想到他们就会羞愧，更加讨厌自己。父母为我牺牲了许多，我怎么可以如此不上进呢？

咨询师：父母的辛劳虽然激励你上进，可是也带给你无比的压力，让你觉得心里很累（共情技术）。

来访者（哭泣）：没错，父母的苦心的确带给我很大的压力，我身上就像有个无形的包袱，压得我喘不过气来。我虽然不比别人差，可我心里很着急，很想做得更好一点，对得起父母，可往往欲速则不达，这样只会让我更加慌乱，自己的能力不能很好地发挥出来。

咨询师：我也曾有过类似的经历，甚至还不如你。我从小生活在农村，也是看着父母劳累辛苦，父母很想我高中毕业能考上大学，可第一年高考，我没考上，父母很难过。于是，我不断努力上进，不敢贪玩，不敢休息。可是，渐渐地，我发现自己被一种强大的压力压得喘不过气来，后来，这种压力让我连学习都感到辛苦。我不断自责，可是越自责，压力越大，越想逃避学习，就越做些无用的事，好像形成了一种恶性循环，使自己陷入其中，跳不出来，当时我的情形跟你现在很相似（自我开放技术）。

来访者：您说得很有道理。我觉得除了父母给我压力，我也不断给自己压力，让自己毫无喘气的空间，就自然形成了一种恶性循环，可能我现在应该做的事，是让自己如何来阻止这种恶性循环，而不是一味地想去达成父母的期望。

咨询师：不过那时，父母的期望的确给了我一些动力，让我拥有一个坚定的信念，能朝着一个目标前进，只不过在这个前进的路上出了一些问题，才造成了自己的困扰。

来访者：是啊，您谈的这些，给我一种灵感，其实父母的期待既是一种动力，又是一种压力，我们需要有勇气和耐心去面对。

咨询师：你说得很好。

咨询师运用自我开放技术可以帮助来访者从其他不同的视角进行思考，促使来访者采取一些行动改变自己。

4. 使用自我开放技术的注意事项

（1）不要因为与来访者分享自己的经验，咨询师反成咨询的主角。

（2）咨询师自我开放的次数不宜太频繁，否则反而显得不够真诚。

（3）咨询师必须确定自我开放的内容有助于来访者，而非满足自己的需要。

（4）自我开放并非咨询的终极目标，所以咨询师的自我开放应与咨询的某些目的有所关联。

（5）咨询师自我开放的程度要随着彼此的亲密程度有所调整。

【案例 11-9】

来访者（学生）：老师，我控制不了自己，每天都想着我们班的一个男同学。他学习好，相貌也好，我们班好几个女同学都对他有好感，都想跟他接近。但他好像对谁都是一样的不冷不热，我每天上课时心思都在他身上，我想不去看他，但做不到。

咨询师（辅导老师）：那你一定不好受啦？

来访者：是啊，每次我们在教室碰面，或是在其他什么地方相遇，我都会心跳加快，激动好半天。我好像觉得他对我有意思，因为每次见到我他会冲我笑一笑。真的，老师你说他是不是对我也有意？

咨询师：你感觉呢？

来访者：我觉得他对我有意，不然他不会对我笑的。

咨询师：假使他真的对你有意，你想让他为你做什么呢？

来访者：那他就该大胆约我出去呀，像看电影什么的。我一定会答应的，真的。而且我们还可以一起做作业，让他帮助我。我们要是能一起考上大学，在同一个地方上大学就好啦！老师，你是不是觉得我在胡思乱想？

咨询师：我不觉得你是在胡思乱想，因为我也有过类似的经历。

来访者：真的？（眼睛睁得大大的，显得很兴奋）

咨询师：老师像你这么大的时候，也曾喜欢过班里的一个男同学，也曾到了茶饭不思的地步，也曾觉得他对我有意，并产生过许多美好的幻想。

来访者：那后来呢？

咨询师：后来我与一位我最敬爱的老师谈了我的苦恼。她在耐心听我讲完后对我说，你这么大的女孩子是很容易患单相思的，这是很正常的事情，也是青少年心理发展的特点。但爱情只有在双方同时产生共鸣时才有意义，才有味道。你现在这样放纵你的感情，而那个男同学却在一门心思地准备高考，你们现在谈情说爱是不会有共同基础的。你如果想使那个男同学看得起你，就去跟他竞争，一同考上大学。到那时你就有追求爱情的资本了，但也许你不再对他感兴趣，这还真说不一定呢！

来访者：那后来呢？

咨询师：后来我真的将所有心思都放在学习上，考试成绩一路上升。结果你知道怎么样？

来访者：怎么样？

咨询师：我考上的大学比那个男同学的还好。他曾主动来找我交朋友，但我对他可没有……

在上述对话中，咨询师巧妙而自然地运用了自我开放技术，使来访者了解自己单相思的危险，并下定决心加以改变。更重要的是，咨询师没有像一般家长和教师那样闻"恋"色变，教训来访者要以学习为重，不要放纵感情误了自己的前程。与此相反，咨询师首先肯定了来访者的想法是合乎情理的，并将自己早年的类似经历告诉来访者。这里使用自我开放技术使咨询师与来访者产生了共鸣，也使得来访者愿意接受咨询师的意见。最后，咨询师并没有直接告诉来访者应该做什么，而是让她自己去感悟。这种同感、启发式的思想交流较往常那种干巴巴、冷冰冰的教训要有效得多。

第十二章　影响性咨询技术（3）
即时性

即时性也称立即性、即时性、直接性等，指咨询师敏感地觉察到在咨询过程中影响咨询关系的言语、行为、情感、不平常的心理状态等，并与来访者进行坦诚的沟通，合理处理相关问题。

即时性涉及自我流露，但它仅与当前的情感的自我流露有关，是咨询师对来访者此时此刻的言语和非言语行为产生感觉和想法时的一种反应。

来访者往往过多地关注过去的经历和将来的情况，对将来的期望以及对过去的不断回想成了访谈的主要内容。咨询师需要帮助来访者关注当前的想法和感受，帮助来访者注意此时此地的情况，即从现在双方的情感、感觉、认知出发，有效地帮助来访者暴露内心，澄清感受。

在咨询过程中运用即时化，咨询师要对三个方面做出及时反应：

（1）咨询师即时化。在咨询过程中，当咨询师的情感或想法出现时，咨询师要把他们表现出来。如"今天我很高兴看见你""很抱歉，我很难抓住重点，让我们再重复一遍"。

（2）来访者即时化。咨询师反馈来访者正在表现的行为和情感。如"你现在有些坐立不安,看起来不太舒服""现在你真的笑了,你一定非常高兴"。

（3）关系即时化。咨询师表达出他对当前咨询关系的看法和情感。关系即时化涉及"此时此地"相互作用和咨询关系的发展情况。如："我在这次咨询中感觉很好，记得咨询刚开始的时候，我们彼此都小心翼翼，觉得不太容易表达自己的想法。今天我们交流得很好，彼此都很舒服。""我知道在我说话的时候，你的眼睛看着别处，手和脚还在不断地敲打着。我猜想，你是否对我感到不耐烦了，或者觉得我谈得过多了。"

【课堂操作练习】

下面的例子中咨询师分别做的是哪种即时化？

1."我感觉到几次谈话中，你考虑很多，说得很少，不是那么投入，不是那么敢跟我谈，是不是我有什么地方使你感到不大信任，我们交流一下，好吗？"

2."我感觉我们俩越说越快，好像很紧张，是否暂停缓和一下，也许会好些？"

3.（来访者已经是第三次来晚了，对此咨询师有些担心）"我意识到，你现在准时到达这里有些困难，对此我感到有些不太舒服。我现在对你何时能来以及是否能来进行咨询，感到不能把握。我想，我也不能确定知道你是否还愿意来这里咨询。你对这个问题是怎么想的？"

4."我了解你在婚姻中所受的痛苦和委屈，你很期待先生回头，合家团圆，但是你似乎认为这应该是我的责任，而不是你应该做点什么来改善。"

5.（当一个来访者在滔滔不绝地说了 15 分钟后，咨询师可以真诚地回应）"我现在觉得有点不太高兴，因为我们没有目标。你今天好像比较喜欢说故事，而不是交流具体的。你觉得呢？"

6.（来访者与咨询师互相产生不寻常的好感，使得咨询关系不单纯，妨碍咨询工作的进行）"我觉得从一开始我们就谈得很投机，彼此也很欣赏，很愉快；但是从另一个角度来看，这也是一种阻碍，我们一直避免深入讨论你的困扰，不知你是否也有相同的感觉？"

7.（谈话缺乏重点和方向感，感觉被"困"住了）"我现在觉得，我们本次会谈有点像用坏了的唱片。我们就像唱针在同一纹道内做无谓的运动，没有放任何音乐，也不知道朝哪个方向走。"

8.（一位来访者平常都垂头丧气地和咨询师谈话，今天却神采奕奕）"我感觉今天你的精神和往日不大一样，好像开朗了许多，是不是发生了什么事？"

9.（会谈中，来访者那种自大的表情和高傲的语调让咨询师无法忍受，妨碍咨询师真正地去了解来访者）"我自己也不清楚为何如此，当我看到你那种认为没什么了不起的表情时，就会觉得有点不舒服，无法平静地听你说。"

1. 即时性技术的功能

即时性技术主要用于处理那些如果不加以解决就会妨碍咨询关系进一步发展的问题。即时性技术的功能有以下几个方面。

（1）巩固相互的关系。

咨询过程是咨询师与来访者的关系建立与发展的过程，它直接影响咨询效果，而且这种关系随时都会受到挑战。一般认为，除非咨询师能够意识到并立即做出反应，把相互间的关系感受表达出来，否则，就有可能阻碍咨询的进行，或者阻碍相互关系的进一步发展，特别是当这种感受带有消极色彩时。例如，当咨询师感觉到来访者对他产生怀疑、不信任时，咨询师必须用即时性技术，以开放的态度探讨来访者对咨询师的信任问题，澄清来访者的疑惑，巩固相互的关系。

【案例 12-1】

来访者，21 岁，女大学生，因为学业问题而求助，这已是第五次咨询，来访者一来就谈到她的身材问题。

来访者：我好像越来越胖了，看到别人穿什么衣服都很漂亮，我真羡慕，而我就是不吃不喝好像也会长胖。我完全是遗传了我母亲的身材，再加上我从小不愿动脑筋，饮食习惯和睡眠质量又不好，不长胖才怪呢！虽然我努力控制饮食，多看书学习，多动脑筋，可是我还是很胖。我不知道该怎么办？！

咨询师：为了减肥你想了许多办法，好像效果不明显，你很着急（情感反映技术）。

来访者：有时想想也真气人，有些同学一天到晚吃零食，可是身材曲线优美漂亮，我一天只吃两餐，从不吃零食，没想到还是难逃肥胖的厄运。

咨询师：即使你努力控制饮食，仍不见效果，你觉得很泄气（共情技术）。

来访者：其实，我不减肥的话是有一些问题，但是……（支吾），或许跟自己过不去吧，这么多年有点胖也没事，现在却只想减肥的事，真是不应该。

咨询师：我似乎听到你为减肥的事自责，可我不是很清楚到底是怎么回事，再多告诉我一些（具体化技术）。

来访者：我不知道是否该让你知道这些。我想知道你有没有某些经验（低下头），如果你有类似的经验的话，你才会了解我所说的话。如果你没有类似的经验，我不知道你用什么眼光看我（低下头）。

咨询师：你担心我的态度可能会让你难堪（即时性技术）。

来访者：我的问题非常复杂，我之所以极不情愿地减肥的原因也跟此问题有关。如果你没有类似的经验，我担心当你知道我的隐私后，你的态度会让我难堪。

咨询师：你担心我会用什么态度对你？（即时性技术）

来访者：鄙视的态度。

咨询师：你担心我会鄙视你（即时性技术）。

来访者：没错，这件事我羞于开口，因为我希望别人给我意见，或支持我的做法，所以，我还是强迫自己去告诉朋友，没想到他们都反对，这让我很难过。

咨询师：听起来似乎你还不信任我（即时性技术）。

来访者：我知道我信任你，不过在这件事上，我没那么肯定。

咨询师：你来找我的目的就是希望解决你的问题。如果你不让我知道你发生了什么事，我就无法帮助你（即时性技术）。

来访者：那就告诉你吧！我……

（2）处理来访者的依赖问题。

有些来访者容易在咨询过程中依赖咨询师，这种依赖的产生可能与来访者把咨询师当成解决问题的专家有关。当他们觉得自己有问题时，希望由咨询师直接解决他们的问题，或者来访者把咨询师当成他们生活中的重要人物，对咨询师的依赖性便随之而生。

【案例 12-2】

来访者，23 岁，男性，大学即将毕业，目前正在找工作。来访者对工作十分挑剔，觉得很多工作都不太适合自己。最近，来访者与女朋友关系出了点问题，女朋友提出分手。

来访者：许多事情我不知道怎么处理，很想您能教我几招，至少您应该告诉我一两种方法，帮助我学会和女朋友相处。您是心理学专家，必然知道一些解决办法。

咨询师：好像我没有直接告诉你解决方法，让你感到失望（即时性技术）。

来访者：我当然失望。有的同学告诉了我一些方法，我都试过了，可是没用。

以前我有什么问题都是父母帮我解决，上大学后，也都是同学们给我出主意，后来谈了女朋友，都是她说了算。可是，近来女朋友经常跟我闹别扭，还说要与我分手，我不知道怎么办。有个同学建议我来找您，可是与您谈了几次，您也没给出一个具体的方法让我学会与女朋友相处。

咨询师：听到你对我的抱怨，你希望我帮助你解决问题，而我却令你失望（即时性技术）。你让我感到，你的问题好像与依赖有关，你依赖父母、朋友、同学帮你解决问题，可是，他们都让你失望了（共情技术）。

来访者：我不知道是不是这样，我只是觉得自己生活得很累。在我读高中以前一直住在家里，父母为了让我考上大学，可以帮我解决我的任何困难，那时，我的生活过得还很好。自从我离开家上大学后，我的生活一天不如一天。可有时想，为什么别人上大学这样快乐而我却不能呢？因此，我又想，如果找一个能帮我的人的话，或许可以找回以前的好时光。

咨询师：在家的时候，你处处依赖父母。上大学后你失去了依赖对象，生活十分苦涩，所以你想找一个专门帮助你的人（内容反映技术）。你希望我替代你的父母，随时处理你的问题，让你过着没有压力的生活，就像你在家里受到父母的百般呵护一样（即时性技术）。

来访者：我的确这样想，只要能让自己没有那么多烦心事就行。

咨询师：你一向依赖父母帮你解决问题，离开家上大学以后，你转而依赖同学和女朋友，可是同学没有你父母那样热心，女朋友也不愿意让你依赖，因此，你感到问题严重了，因为没有人愿意代替你的父母的角色帮助你解决问题，于是你心里很着急，所以将最后的希望寄托在了我的身上，希望我能帮你解决问题。

来访者：没错，您真了解我。

咨询师：然而，我对你的依赖感到了压力，就好像我必须要对你的生活负责，你的喜、怒、哀、乐都是我的责任，这让我有点喘不过气来，有种想逃避，甚至想生气的感觉。

来访者：哦，是的，我女朋友就是因为这样老生我的气，骂我没长脑子。我明白了，或许我的同学也是因为这样不想理我。

咨询师：你可能对咨询有点误解，咨询并不是给你答案，而是协助你探讨你的问题，让你找到解决问题的方法，如果说你的依赖让别人不舒服，我们可以共同探讨你依赖的问题。

来访者：看来我必须依靠自己了……

咨询师即时性回应让来访者看清了自己的依赖问题。

（3）处理相互间的投射与移情问题。

当来访者未完成事件的感觉与想法被唤起时，就会将这些感觉、态度与想法强加在咨询师身上，这就是咨询师在咨询过程中可能会遇到的投射与移情。来访者对咨询师的移情有正面和负面之分，下面介绍来访者是怎样对咨询师产生负面移情的。

【案例 12-3】

来访者，22 岁，大学生，女性，因人际关系不良，几次更换寝室而感到孤独和情绪低落。咨询师因为家人住院原因，于前一次咨询结束时告诉来访者需要提早结束咨询，来访者因而焦虑不安。这次来咨询，神情显得急躁。

咨询师：我注意到，在我们谈话时，你眼睛看着别处，手和脚还在不断地敲打着，神情有些焦急，似乎有些事情发生，不知道我的感觉对不对？（情感反映技术）

来访者：是啊，您上次不是说再有两次我的咨询就结束了吗？我听到这话后，不知怎的，感到很紧张，就好像世界末日即将来临一样。其实，这几天，我的睡眠一直有问题，一想到以后再没有人了解我了，就好像又被人抛弃了一样，我很难过，无法入睡。今天跟您谈话时，我无法专心，我不知道我是不是对您有些生气。

咨询师：得知我们即将分离后，你心中不安，睡不着觉，甚至对我有些生气（即时性技术）。

来访者：我感到自己从小到大，分离总是伴随着自己，它使我感到很害怕。这就是为什么在我跟人相处一段时间后，我就会紧张、焦虑，情绪波动很大，容易与周围人发生冲突的原因。

咨询师：我想多听听我们即将分离这个问题使你产生的感觉和想法（即时性技术）。

来访者沉默不语一分钟，眼神飘忽不定，表情沉重。

咨询师：我注意到你对我刚才所说的话没有做出反应，不知道你在沉默的这段时间里都想到了些什么？（即时性技术）

来访者：我……我非常愤怒。

咨询师：请再多说一些，让我更清楚我们的分离带给你的感觉（即时性技术）。

来访者：（流泪，并愤怒）为什么丢弃我？为什么在我需要您帮助的时候不要我？您是不是讨厌我，所以不要我？我觉得很生气，也觉得……觉得……好无助、好无助（情绪激动）。

咨询师：请你看着我，再多说一些（即时性技术）。

来访者：你有没有想过我需要你的帮助，我没有办法独自一个人解决问题，我需要你的帮助和照顾。可是你竟然说结束就结束，你知不知道没有依赖的痛苦，那种找不到人可以帮助的焦虑与绝望，你好狠心，好狠心啊！（愤怒地，声音提高）我恨你，我恨你！

咨询师：我想知道，你这种爱恨交加、绝望无助的感觉是否曾经有过？（封闭式询问技术）

来访者（沉默一会儿，思考）：……有，其实刚刚已有一些过去痛苦的经历涌现在我的脑海，我看到了我 4 岁时被送到外婆家，父母离开我外出打工了，2 年后因外婆突然去世，我被父母接回家了。可是我又看到父母经常吵架，终于有一天，父亲在外面有了相好的，我和母亲被父亲抛弃了，可那时我什么都不懂，只知道爸爸突然不回家了，我好害怕，我不知道我对父母那么愤怒，直到刚才那一刻。

咨询师：你似乎已经明白，你把对父母的不满情绪转移到了我的身上（即时性技术）。

来访者（沉默一会）：……是的，的确是这样。

咨询师：你对父母的态度跟你在大学生活中的问题有何关联？以及你几次更换寝室有何关联？（开放式询问技术）

来访者：（豁然开朗）当然有关联。……

咨询师的即时性回应协助来访者觉察自己对他人的感觉、态度与想法，并且处理与他人的问题。

一般来说，来访者与咨询师相处的方式也就是他们在生活中与他人相处的方式。Teyber 称之为"人际风格"，并指出有三类主要的人际风格：朝向他人、远离他人和对抗他人。通过此案例我们已了解这一点。即时性技术的运用有助于咨询师向来访者示范如何讨论和解决他们在咨询之外的人际关系问题。通常来访者会遵从咨询师所展现出的人际关系模式。

（4）处理来访者在原地打转或没有完成任务的问题。

当会谈迷失方向，而且似乎没有取得任何进展时，咨询师需要运用即时性技术探讨原因。如："我感到我们现在陷入了僵局，也许我们可以停一下，看看哪些事做对了，哪些事做错了。"

【案例 12-4】

来访者，22 岁，大学生，男性，因为无法和同学相处而来求助。咨询时，来访者叙述层次混乱，无法理出谈话的头绪。

来访者：过去我是一个很愿意与人交往的人，因为吃亏太多，所以后来我就不太愿意和别人交往了。我这人容易急躁、生气，眼睛里容不得一点沙子。如果我得知有人在我背后中伤我，我就会立即找那个人理论。就是因为这样，渐渐地没有人愿意跟我说实话。上大学后，因为过去曾当过班长，老师又让我当了班长。我不想像以前那样，所以就尽量不与人交流，可是，没想到还是有些闲言碎语，真让人生气（说话时眼睛看着别处）。

咨询师：因为前车之鉴，你来到大学之后，就尽量和同学保持距离，以免重蹈覆辙，可是身为班长，你还会引来一些是非，这让你觉得烦恼（内容反映技术）。你能告诉我，你听到别人说你哪些是非吗？（具体化技术）

来访者：上周我们班准备庆元旦联欢活动，本来一开始我只是想让同学们在一起唱唱跳跳，吃点水果、瓜子什么的，可大家说一定要把各科任课老师请来，与老师们一起庆祝才有意思，我想也有一定的道理，就决定请老师们来一起联欢。

咨询师：我想回到刚才我们所谈的问题上，就是别人说了你哪些是非（具体化技术）。

来访者：他们的确说了一些有关我的是非，这些是非其实是很无聊的，最初我不予理睬，反正他们爱怎么说就怎么说，可是后来他们越说越不像话，真是气人。

咨询师：他们说了你哪些是非？（具体化技术）

来访者：跟您说，如果我真的像他们所说的那样，我也认了，可是他们说的与事实不相符，这就让我生气。我们寝室另外一个同学也有过类似的问题。那个同学在寝室也是个话不多而且爱操心的人。有时同学没有回寝室，他总是帮别人收晾在外面的衣服，还经常拿空水瓶去打水，不该他值日时，他还经常扫地。而有的同学不但不谢他，反而说他爱管闲事。我想我现在就跟这个同学一样，不太愿意说话，只想身体力行，做些实实在在的事。我们辅导员很理解我，只是同学们……（眼神飘忽不定）

咨询师：我刚才再三问你同样的问题，可是你却不断跳到别人的问题上去，你的叙述让我感到失望，我似乎觉得你不愿意回答我的问题，我不知道我这样的感觉对不对？（即时性技术）

咨询师运用即时性技术回应能帮助来访者发现自己不断更换主题的行为，有助于来访者问题的解决。

（5）处理开始与结束阶段来访者不舒服的感觉。

无论是咨询开始还是咨询结束，来访者都会出现一些情绪反应，咨询师要做的就是对来访者的情绪做一些处理，以便使咨询顺利开始或结束。

【案例 12-5】

来访者，26 岁，公司职员，男性，来访者怀疑自己有生理缺陷，缺乏阳刚之气，为此感到自卑，前来求助。这是第一次咨询。

来访者：我没想到这里只有女咨询师，我觉得有些尴尬，我不知道可不可以说出口。

咨询师：我的性别会让你难以启齿吗？（即时性技术）

来访者：没错，如果您是男咨询师，我会比较安心，也比较容易开口谈这个问题。或许您也会知道我想说什么。

咨询师：我的性别让你觉得没有信心，感到有些失望。我不知道能不能帮你的忙，不过我处理过类似的问题。如果你愿意试试看的话，我很愿意与你一起讨论你的问题（即时性技术）。

来访者：既然您这样说，那我们就谈谈吧。

咨询师运用即时性技术安抚来访者失望的情绪，让会谈得以顺利进行。

【案例 12-6】

来访者，15 岁，初中生，男性，因为网络成瘾问题而求助。来访者目前和咨询师的咨询已接近尾声。

来访者：这几个月来跟您一起讨论我的问题，我感到很快乐，可是咨询马上就要结束了，我不知道该怎么办？

咨询师：你很留恋我们在一起的时光，很遗憾，世上没有不散的宴席，以后你就要学会自己处理自己的问题了（即时性技术）。

来访者：跟您在一起我真的感到很快乐，不过……我真的舍不得。

咨询师：跟我分离让你觉得很难过？（即时性技术）

来访者：当然难过，因为我长这么大，从来没有人这样陪着我，以前我不是听爸爸训斥，就是听妈妈唠叨，而我许多困惑并不能得到解答，我心里很烦。跟您在一块，事情就完全不一样了，我感到这几个月您让我成长了许多。

咨询师：你想到自己过去的烦恼，更让你舍不得跟我分离（即时性技术）。

来访者：是啊，有人能为自己分担忧愁多好呀！如果我在生活中有几个知心朋友也许会好一些。

咨询师：我想知道，我们的分离带给你的感觉（即时性技术）。

来访者：我……

咨询师运用即时性技术安抚来访者分离的情绪，让咨询过程顺利结束。

【案例 12-7】

来访者，22 岁，大学生，男性，该来访者正在为是否接受咨询师布置给他的行为训练作业而犹豫不决。除每周的咨询之外，他还会通过大量的短信和电话与咨询师讨论这个问题。咨询师对此感到厌烦，想要摆脱。因此，在咨询中，当来访者谈到自己与人联系时遇到的困难（如别人不做出任何回应）时，咨询师决定使用即时性技术进行反映。

咨询师自问 1：现在发生了什么事情需要进行讨论？我——我有要摆脱来访者的想法；他——他在咨询之外，出现了使用短信和电话来骚扰我的行为模式，我假设这也可能发生在他生活中其他人身上——这背后很可能存在着焦虑和不确定的感受；我们之间的互动——随着他要求我给予他更多的时间和精力，我发现自己正在尝试退缩，并给他更少的帮助。

咨询师自问 2：我如何以"此时此刻"的方式做出讨论这个问题的即时性反应？使用现在时，并从我意识到的那些内容开始，例如："我意识到，我对你的一些感觉，可能与你和其他人的关系体验有联系。"

咨询师自问 3：我如何使用描述性而非评价性的语言叙述这个情境和行为？使用"我"字句，而不要过多地责怪他。

咨询师自问 4：我如何识别这个情境或行为的具体效应？描述我在这个过程中看到的事情——随着他以短信和打电话的形式要求我付出更多的时间和精力，我发现自己正在退缩，给予他更少的帮助，并且我猜测这是否也是他与别人联系时遇到困难的一部分？

咨询师自问 5：我将如何得知即时性技术是否对求助者有用？我将会在我做出即时性反应后马上询问他的反馈。

咨询师：我意识到，你的一些感受可能与你对是否完成行为训练的作业有关，也与你试图与他人联系时他人缺乏回应有关。如果你愿意听的话，我想现在与你分享这些感受（停顿以征求来访者同意的表示，常常是非言语的表示）。好吗？

来访者（点头同意）：……

咨询师：好的，我发现，当你每天通过短信和电话问我你该不该进行行为训练时，你是在要求我给予你更多的时间，而我变得想要远离你，对你付出更少的时间和精力，我猜想对于这个决定你很焦虑。因此，你以这样的强度接近我，而当这种情况发生时，我实际上在远离你，我想这是否也是当你在生活中联系其他人时遇到的困难所发生的情况？（停顿）对于这些讲述，你有什么反应？

来访者：哦，这可能是我需要考虑的问题，我想我以前从来没有这样想过，我没有意识到那会有什么影响。您说我对于接下来要做的事情感到非常不确定，这是准确的。我对于自己做决定的能力从来没有多少信心。在我的成长过程中——我想也许是因为我是父母的独生子，父母常常为我做出许多决定。现在，我远离家乡，我要完全自己做决定，这令人恐惧。

根据来访者的反应显示，咨询师的即时性技术对他起了作用，他有了单独做决定的想法，尽管他对于生活中其他人的部分没有反应，但这可以在接下来的咨询中涉及。

2. 即时化技术的使用原则

（1）咨询师要及时描述此时此刻正在发生的事情。

（2）即时化技术所使用的词语应该是现在时态。如"我现在感到不舒服。""我现在对你感到有些失望。"

（3）一般来说，在咨询初期过多使用即时化技术，会给来访者带来压力，并使咨询双方产生焦虑。

（4）运用即时化技术需要具备三种能力：

第一，觉察能力。在会谈中，能觉察出与来访者的关系状况。

第二，沟通能力。即时化沟通由三种技巧组成：① 共情。即时化不是以责备的方式，而是以了解的态度去进行。② 自我表露。即时化不只是觉察、处理来访者的部分，也包括咨询师本身在咨询关系中的状况及双方互动的情况。③ 面质。即时化处理的是关系中不利的状况，以及来访者或咨询师本身的防御、扭曲等阻碍行为。

第三，自我肯定的能力。运用即时化技术具有一定的挑战性，因此咨询师要对自己有信心。

【案例 12-8】

来访者：你今天没有帮助我些什么，你没有给我任何好的建议。我不知道为何还要自找麻烦，跑到这里来。

咨询师：我现在也觉得蛮沮丧的，因为我在我们之间的会谈上花了很多时间和精力，但是对你来说好像还不太够。我们不如现在就来讨论一下这个问题。

【案例 12-9】

来访者：我以前接受过心理咨询，我的问题很复杂，我不相信心理咨询师能帮助我。我本不想来，可是我的辅导员坚持，让我一定要来找您，所以我只好来了。

咨询师 1：你对以前所做的心理咨询感到失望。

咨询师 2：我觉得你应该在跟我交流后才能判断我是否能帮助你，而不是将你对以前心理咨询师的印象强加在我的身上。

咨询师 3：你认为我无法帮你，只是因为辅导员坚持，才勉强来找我。

【案例 12-10】

来访者：老师，我非常想解决这个问题，我被这个问题困扰得吃不香、睡不安。不过，我会将我所知道的一切告诉您，因为我并不在乎您对我的看法。

咨询师 1：你认为我对你的看法并不重要，所以你会告诉我有关的一切。

咨询师 2：你被问题折磨得寝食难安，所以愿意告诉我有关的一切。

咨询师 3：虽然你认为你不在乎我对你的看法，可是你不太确定自己是否真的这么想。

第十三章 影响性咨询技术（4）
面 质

  面质也称对立、对质、对峙、对抗、正视现实技术等，咨询师指出来访者身上存在的矛盾，促进来访者探索，最终实现统一。面质的目的是帮助来访者更清晰地觉知自己与现实。

  来访者来找咨询师时常常带着对他人、世界和自己扭曲的看法，这些扭曲的看法常常以不一致或矛盾的形式表现出来。常见的有如下几个方面：

  （1）言行不一致。

  来访者：我非常喜欢体育活动。

  咨询师：你说你喜欢体育活动，可你似乎从不活动。

  来访者：咨询对我来说是非常重要的。

  咨询师：之前，你还说咨询对你有多么重要，现在你却取消了我们原定的两次咨询。

  （2）现实与理想不一致。

  来访者：我是一个受欢迎、受尊重的人。

  咨询师：你说你应该是个受欢迎、受尊重的人，可实际上别人常常疏远你，甚至歧视你。

  （3）前后言语不一致。

  来访者：我很喜欢我的上司。

  咨询师：你刚才说你很喜欢你的上司，可现在你又骂起他来了。

  （4）咨访意见不一致。

  来访者：我很丑。

  咨询师：你说自己丑，可我觉得你很漂亮。

【案例 13-1】

  来访者：我真想放弃了，我不知道成功的定义是什么？我觉得我已经很努力了，但是总感觉什么事都不尽如人意，我虽然各科成绩都很优秀，但我觉得那个对我来说并不算什么，我觉得自己真正学到了什么才是最重要的。

  咨询师：你刚刚已经战胜了自己，你拒绝了分数是成功的标志。只是你现在还不清楚，你将要学习哪些对自己有用的东西，现在让我们来看看，你将确立一个什么样的目标？

  来访者：我已经大二了，但是在我们学校里，我几乎不认识几个人，在班里也是这样，几乎交不到什么朋友。我有时候想跟同学表达一下我的友好和善意，但这样会让我浑身不自在，可能我真的交不上什么朋友了。有时我在想，反正他们可能也不会比我强。我就是不愿意与人交往。

咨询师：我发现，每当你交朋友失败的时候，你好像就给自己找一个借口，"别人不一定比自己强"。确实你知道自己是需要朋友的，也希望有人能走进你的生活，好像目前你对自己的这种状况感到有点沮丧，是不是？

1. 面质技术的功能

（1）协助来访者对自己的感受、信念、行为及处境的了解。

（2）激励来访者放下防卫，面对现实。

（3）帮助来访者学习自我面质，进一步增加自我探索和自我成长的能力。

2. 面质的步骤

（1）观察来访者。咨询师在进行面质时，必须收集足够的证据，敏锐觉察来访者不一致的地方并确信自己的觉察。

（2）以来访者的个性化准备状态为基础，判断是否适合使用面质。咨询师需要评估咨询关系，评估来访者的类型、来访者是否觉得安全、支持系统是否稳固得足以对抗面质，而不使关系破裂。

（3）决定意图。咨询师需要考虑为何使用面质，想要完成什么样的目标，是提升觉察，还是达到领悟，或是处理抗拒；还要检视面质的需要是来自来访者所陈述的内容还是咨询师自己的问题。

（4）呈现面质。呈现面质时不做判断是很重要的，因为面质不是批评，而是鼓励来访者更深层地检视自己。建议使用包括两个部分内容的语句："在一方面……，但另一方面……""你说……但你也说……""你嘴上说……但行为表现上似乎……""我听到……但我也听到……"

【案例 13-2】

来访者，24 岁，男性，刚就业，未婚妻还没有找到工作。

来访者：我之所以选择这份工作，是因为这个工作的活不是很多。既然活不多，钱当然也不多。不过，只要不是很累我就愿意接受。有了这么多空闲时间，就不觉得有什么工作压力了。当然，我未婚妻一定会埋怨，钱这么少你怎么买房子、结婚、购买我们需要的东西等。这些话真让我厌烦，为什么要结婚的男人就不能过自己喜欢的生活呢？

咨询师：你找到一份活不重、压力不大的工作，觉得很高兴。不过，未婚妻的埋怨让你很不耐烦。听起来，好像干活不重、没有压力是你唯一考虑的，而未婚妻所向往的生活并不在你的考虑之中。不知道我这样的想法对不对？

【案例 13-3】

来访者，30 岁，公司职员，女性，因婆媳关系问题求助。

来访者：现在哪有媳妇像我一样愿意跟公婆住在一起，而且还照顾他们的饮食起居的？有时候虽然公司业务繁忙，可我为了照顾两位老人，还是请假回家。当然，这是我做媳妇应尽的责任。因为这样，我的上司对我有看法，将原本属于我的晋升机会给了别人。其实，我也不想在事业上争个长短，毕竟女人的依靠是家庭（来访者在叙述这番话时，表情不自然，声音发抖）。

咨询师：为了照顾公婆，你无法兼顾事业，所以你的上司不愿意提拔你，而将机会给了别人，你觉得很委屈。虽然你认为为公婆牺牲是应当的，你也不在乎事业的成就，可是你的动作、表情告诉我：你在乎事业。因此，你觉得是公婆拖累了你让你丧失了晋升的机会，你心中感到委屈和无奈。不知道我的感觉对不对？

【课堂操作练习】

注意下列的认知学习策略，将有助于我们学习面质技术。

（1）在与来访者交流的过程中，我看到、听到和掌握的矛盾或混乱信息有哪些？

（2）我对这名来访者进行面质的目的是什么？此时进行面质是否有用？

（3）我怎样来总结矛盾或被歪曲的各种信息？

（4）我怎样才能知道面质反应是否有效？

【案例 13-4】

来访者（说话缓慢，声音软弱）：对我来说，教训儿子是件困难的事，我知道我太纵容他，我也知道对他需要给予一定的约束。但我就是不能这样做。基本上说，我允许他做自己喜欢做的事情。

咨询师（内部认知对话过程）：

（1）在与来访者交流的过程中，我看到、听到和掌握的矛盾或混乱信息有哪些？

矛盾存在于两个语言信息之间以及言语信息和行为之间：求助者知道应该给儿子一定的约束，但实际上没有给他任何约束。

（2）我对这名来访者进行面质的目的是什么？此时进行面质是否有用？

我的目的是要指出，这个家长对儿子实际做的与他想要做但还没能够做的事情之间存在着矛盾，并在面质的同时给予他支持。如果此时没有任何线索显示，使用面质反而会使他更具防御性。

（3）我怎样来总结矛盾或歪曲中的各种元素？

（4）我怎样才能知道面质反应是否有效？

观察来访者的反应，看他是否承认这种矛盾的存在。

咨询师的面质反应：××，你觉得约束对你的儿子有帮助，但同时你又任他我行我素。你怎么平衡？

来访者：你说得对，我都明白。可是，我就是狠不下心来让他做什么事。

从来访者承认存在矛盾冲突的反应中，咨询师可以肯定面质反应是有用的，但需要对其矛盾冲突做进一步的讨论，以帮助求助者解决情感混合行动中的冲突。

3. 使用面质技术的注意事项

（1）要以温暖、尊重、关怀为基础，让来访者面质时感受到被支持而不是觉得被攻击。我们来看一个例子。

【案例 13-5】

来访者：被女朋友甩了，这下子又恢复单身，真棒！

咨询师 1：与相交这么多年的女朋友分手，还这么高兴，不对吧！（有点讽刺的意味）

咨询师 2：我看到你嘴上说"真棒"时，脸上表情是沮丧的，要不要说说看你现在的感受是什么？（针对言语与非言语的不一致提出面质）

（2）要避免运用面质来发泄情绪或显示自己的专家地位。如："你刚才还说听我的话，现在怎么就自作主张了呢？像你这样我有什么办法？！"

（3）要避免连珠炮式的无情攻击。如："你说你爱她，可你为什么最终又离开了她？你认为自己是爱情至上者，为什么就不能跟父母据理力争？你不是认为自己是一个品性优秀的青年吗，可为什么在她有病，急需关怀、帮助、照顾的时候，你反而在她的心上捅了一刀？"

第十四章　影响性咨询技术（5）
解　释

解释指咨询师运用某一理论来描述来访者的思想、情感和行为的原因、过程和实质等，使来访者从一个全新的、更全面的角度来面对自己的困扰、周边的环境以及内心，并借助新的观念、系统化的思想来加深对自身行为、思想和情感的了解，通过认识，促进变化。

在解释技术中，咨询师凭借自己的理论和经验，针对不同来访者的不同问题作出各种不同的解释。例如，在咨询中遇到两个来访者，目前存在的问题都和来访者早年的经历有关。其中一个来访者感到不自信，认为这是小时候父亲总是责骂自己，自己一直觉得父亲不喜欢自己造成的。咨询师在和来访者进行讨论时，逐一询问来访者，她的父亲是如何对待弟弟、母亲以及员工等其他人的，来访者发现父亲不仅是这样对待她，对待其他人也是一样的方式，然后明白那是因为父亲的脾气不好，不见得是自己很糟糕，不讨人喜欢。

另一个来访者感到自己不能自信地与人打交道，把原因归结为缺少父母关爱。"小时候，父母外出打工，把我留给祖父母抚养，祖父母年龄大了，只顾得上我的温饱，其他方面很少顾及。由于缺少父母的关爱，在和别人交往时，我总是自卑退缩。"根据来访者的描述，和这位来访者讨论的重点应放在针对目前存在的问题我们可以做些什么去改善，强调尽管现在存在的问题和童年的经历有一定的关系，但是仅仅停留在过去，不停地抱怨父母并不会让我们变得更好。

咨询师要根据自己的直觉或观念识别出信息背后的模式，并将隐含的信息明确清晰地呈现出来。例如，一位离异的女性来访者，在和她探讨她的婚姻关系时发现，她的成长经历对她的亲密关系有着深刻的影响。她父亲非常溺爱她，几乎是有求必应，她有三个哥哥，因此，她从小到大都受到很好的保护，非常骄傲。在她恋爱时，她的男友就像她父亲一样非常宠溺她，婚后她与丈夫的父母相处不融洽，眼睛里容不得一点沙子，非常霸道，动辄大吵大闹，婚姻期间，丈夫与人暧昧，他们便离婚了。后来她有过几段感情经历，每段感情经历都很类似，从被宠溺开始，以吵闹结束。在讨论中来访者慢慢发现自己在恋爱中总是像一个小女孩一样，希望从男友那里获得像父亲一样的宠爱。如果对方能满足她，她就会喜欢上对方，在和对方相处的过程中，她无法像一个成熟的女性一样和对方相处，总是以吵闹结束关系。当她认识到这些后，在后来的一段亲密关系出现问题时能够反省并调整自己的行为，使得亲密关系得以维护。

解释技术是心理咨询中产生干预作用的一个重要手段和途径，是咨询师在咨询过程中对来访者所提出的问题产生的机制性的阐述。

1. 解释技术的功能

（1）有效的解释有助于建立积极的咨询关系。

（2）有助于识别来访者明确表达和隐藏的信息与行为之间的关系模式。

（3）帮助来访者更好地认识自己的问题。

2. 解释技术的使用原则

（1）必须建立在良好咨询关系的基础之上。

（2）必须了解情况，解释准确，避免偏见。

（3）解释的内容不能与来访者的文化背景发生冲突。

（4）不能把咨询师自己的解释强加在来访者身上。

（5）注意解释后来访者的不同反应。

【案例 14-1】

来访者，35 岁，美容师，得知上司将提拔自己，但对能否完成上司的任务有些担忧而前来求助。

来访者：我不知道做什么。我从未想到过会被提拔做一个主管，能成为公司的一分子我已经感到非常满足了。

咨询师：尽管你的工作非常出色，但你似乎不愿意上升到一个更高的位置，这个位置要求你做独立的工作。可能有各种原因使你这样做，我不确定这是否有你的文化背景的原因，这种文化背景强调群体的归属感，要为群体的利益工作，而不是谋求个人的升迁。

来访者（醒悟地点点头）：……

【案例 14-2】

来访者，男，55 岁，退休工人，离职后深感失落而求助。

来访者：的确，当我被告知要退休时很沮丧，毕竟我工作了 30 年，我的这份工作使我能够养家糊口，使我的孩子们一个个都长大成人，安居乐业。所以，我应该很感谢这一切了，然而我为什么仍然感到情绪低落呢？

咨询师：听你的意思好像是说，当你失去这个工作时，你同时失去了作为一个男人、一个丈夫、一个父亲应该具备的角色特征，即使你很高兴能够退休，但你也为失去上述东西，如失去一个男人、一个丈夫、一个父亲、一个家庭养护者的生活意义，因此感到沮丧。我这样说对吗？

【案例 14-3】

来访者，男，23 岁，大学生，为女朋友控制自己而烦恼，前来求助。

来访者：我跟我的女朋友在一起时感觉很棒，但是我告诉她我不想结婚。她总是对我发号施令，试图告诉我应该做什么，不应该做什么。而且总是她来决定我们要做什么、什么时候做、在哪里做等，我真是挺烦她的。

咨询师：你喜欢和她在一起，但是你感到和她成家有压力，而且她老爱发号施令，这也让你讨厌。听起来你好像希望在这个关系中有更多的控制力。这符合你刚才所说的吗？

来访者：没错。

第十五章 影响性咨询技术（6）
提供信息

提供信息技术指在咨询过程中，咨询师为了协助来访者了解问题、做出决定、规划行动或解决问题，给来访者提供相关的资料信息。咨询师针对来访者个人经历、事件、人物的信息、事实等与来访者进行语言交流。提供信息是咨询工作的重要环节。

在咨询过程中，来访者很多时候会提出想了解有关信息的合理要求。例如：一个自诉恋爱受挫、与男友分手的来访者，也许需要关于面对失恋的信息；一位最近求职不成功的来访者，可能需要一些关于如何接受面试、如何掌握择业技巧方面的信息。

提供信息的方式包括两种：一种是由咨询师直接提供，另一种是咨询师指导来访者获得。

【案例 15-1】

来访者，女，30岁，一位年轻的母亲，因不知如何拒绝孩子的无理要求而求助。

来访者：我很难拒绝孩子所提的要求，尤其是很难对他说"不"字，即使我明明知道他所提出的要求是无理的，甚至可能会给他带来危险，我也难以拒绝。

咨询师 1：为什么不从现在开始呢？开始时只对他的一个要求说"不"，可以说你认为最好拒绝的任何一个要求。然后，再看看情况会怎样。

咨询师 2：我想我们可以讨论两个可能影响你处理这种情况的方式。首先来谈谈如果你说不，你感觉会发生什么变化？另外，我们也可以谈谈，当你还是孩子时，你在家里提出的要求是怎样被对待的？父母怎样对待你，你就会怎样对待孩子。这种方式非常自然，我们甚至不会意识到事情是这样的。

1. 提供信息技术与建议的区别

（1）提供适当而有效的信息是让来访者思考能做什么事情，而不是教来访者应该做什么；是他可以考虑什么，而不是他必须考虑什么。

（2）咨询过程中，咨询师提建议是有风险的，可能会成为咨询的潜在的陷阱。

首先，来访者可能拒绝咨询师的建议，而且也可能拒绝其他的建议，以此来建立自己的独立性，并阻挠咨询师希望对来访者施加影响的任何努力。

其次，如果来访者采纳了咨询师的建议，而依照这一建议所采取的行动却失败了，来访者可能会将此归咎于咨询师，并过早地终止咨询。

再次，如果来访者按照建议去做，并对行动的结果感到高兴，来访者会变得过于依赖咨询师，而且，即使不是去要求，也会期望咨询师能在以后的会谈过程中提出更多的建议。

最后，会有这样一种可能性，某一来访者错误地理解了建议，在按照自己对咨询师建议的理解去做时，可能给自己或他人带来危险。

2. 提供信息的方式

（1）通过网络提供信息。

（2）通过相关书籍或活动提供信息。

（3）通过其他媒体提供信息。

【案例 15-2】

一个咨询师教给来访者一项具体的认知行为治疗技术：

来访者：我不知道是什么使我焦虑……它好像无缘无故就发生了。我能做些什么来更好地控制这些感觉呢？

咨询师：控制焦虑的第一步通常是去发现哪些想法或情境使你感到焦虑。我希望你试试下面的实验，并对你的焦虑水平做个记录。你可以用一个口袋大小的记录本，在你感到焦虑时记录用。以 0~100 表示你的焦虑程度，0 表示完全不焦虑，100 表示非常焦虑，以至于你感到自己快死了。在你焦虑水平的评定旁写下你当时的想法和你所处的情景。下一次咨询时把你的焦虑记录本带来，我们可以找出是什么让你焦虑。

3. 提供信息技术的功能

（1）协助来访者进一步了解自己的问题。

咨询过程中，咨询师如何帮助来访者觉察他们已知或未知的一些感觉和想法，除了使用其他的一些咨询技术外，提供信息技术是具有辅助功能的，它能弥补其他咨询技术的不足，能为来访者提供更多新颖的信息资料，协助来访者进一步认识自己。

【案例 15-3】

来访者，20 岁，残疾大学生（驼背），男性，因个性问题不愿与人交往而感到困惑前来求助。

来访者：我不知道如何来谈论自己的问题，也不知道该说些什么。因为身体残疾，我的生活一直很简单，不是上课就是去图书馆；不是去餐厅就是回寝室。我不认为我有问题，只是因为不善言辞，才交不到好朋友。当别人跟我说话时，我都不知道跟别人说什么好。我知道我的个性比较内向，但这并不是什么大缺点。

咨询师：你觉得自己因为个性内向而交不到朋友。不过，你不认为个性内向是一个问题（内容反映技术）。

来访者：很多人不喜欢我这种内向性格的人，我有什么办法？这又不是我造成的，是父母把我教成这样的。

咨询师：你觉得很委屈，因为你内向的个性不是你个人的选择，而是父母塑造的（共情技术）。

来访者：当然委屈，再说，我不善于表达，还是少说些话比较好，再加上自己是残疾人，否则，会被别人讥笑的。

咨询师：你不善于言辞，又因为自己残疾自卑，只得沉默，以避免别人讥笑（内容反映技术）。

来访者：或许就是因为这些，让我更不习惯说话，以至于跟别人在一起时，我都不知道该说些什么，对您也一样。

咨询师：跟我在一起时，你感觉怎样？（即时性技术）

来访者：刚才如果不是您问我，我都不知道该如何说，不过，您现在这样问我，我还是不知道该怎么描述。

咨询师：我要求你说明你的感觉，让你觉得不知所措（即时性技术）。

来访者：或许是因为心慌。

咨询师：多谈谈那种心慌的感觉（具体化技术）。

来访者：我说不出来，但是我知道自己有那种感觉。

咨询师：好像你只感觉到心慌，但是无法进一步说清楚（内容反映技术）。

来访者：我想是因为害羞和自卑吧。

咨询师：因为害羞和自卑（重复技术）。

来访者：其实我一直不想承认这两点，现在经您这样一环环地问，我不得不说，从小因为性格和残疾问题，我不敢与人交流。现在我都20岁了，又是大学生，如果这样下去，我会感觉很烦恼。

咨询师：你已经20岁了，又是大学生，还是这样，这会让你感到很烦恼（内容反映技术）。

来访者：是啊，我现在感到很烦恼。

咨询师：你觉得自己不应该有烦恼的情绪，可偏偏控制不住，觉得无奈又无助（共情技术）。

咨询师：我这里有一本书，你把书名、出版社、作者这些信息记录下来，回去后到书店买这本书，然后阅读里面的有关内容。书中描述的情况跟你的状况很相似，可能会给你提供一些信息，协助你进一步了解自己的问题。下一次咨询时，我们一起讨论你的心得（提供信息技术）。

来访者：我希望多看看这方面的书，您是否可以多介绍几本给我。

咨询师：听起来，你急着想解决自己的问题（情感反映技术）。不过，如果你需要的话，我可以再给你推荐一些书。但我还是希望你先阅读这本书，下次在我们讨论后，我才能知道哪些书对你会更有帮助（提供信息技术）。

来访者：行，那就谢谢您了。

在此，咨询师提供的信息有助于来访者进一步了解自己。

（2）协助来访者解决问题。

来访者之所以会产生一些心理问题，是因为缺乏适当的信息，只要咨询师为来访者提供了其所需要的信息，来访者的一些问题就可能得到解决。

需要注意，咨询中也有这种可能，当咨询师与来访者经过一番深入的探讨，寻找到问题的根源，并且将要采取行动解决问题时，咨询师提供的信息也能有助于来访者问题的解决。

【案例 15-4】

来访者，23 岁，女性，大学即将毕业，因与男朋友分手出现情绪问题而求助。

来访者：我跟男朋友是初中同学，我们一路走来，已有 7 年。许多人说我们是青梅竹马，说真的，我已经习惯了他陪伴我的生活。可分手后，我必须重新面对一切，我担心我会不习惯。比如说：吃饭时，总是他去买；上课时，总是他先给我占位置；回家时，总是他去为我买车票。每当我有烦恼时，总是他给我许多安慰和鼓励……我不是一个依赖别人的人，可是，这些年一直有他的陪伴，忽然要分开了，我担心一时之间会不适应。

咨询师：你担心你们分手后，因为不习惯没人陪伴而产生适应问题（内容反映技术）。

来访者：不过，如果我不下决心分手的话，对我们两个人都无益。半年前，他的心就飞了。如果不是我懦弱，不愿意早做了断，不会拖到现在，让我们都觉得痛苦。我与他分手，虽然是我不愿意看到的，但我也只能勇敢去面对。

咨询师：你后悔自己没有早做了断，让这种不幸延续了半年，使双方都感到痛苦。可是你又担心，你们分手后自己会产生不适应的问题（共情技术）。我这里收集了一些《心理访谈》节目的资料，它或许可以帮助你认识自己的情感生活，面对失恋的痛苦。有了这些资料，你不仅会认识自己的情感问题，而且能学会重新开始（提供信息技术）。

来访者：我曾听说这个节目很不错，可是因为播出时间问题，我很少看。说起来很好笑，没想到自己竟然会成为节目里那样需要咨询的人。

咨询师：提到这些事，你有些伤感（共情技术）。

来访者：伤心是难免的，不过从另一个角度来想，经受这么大的情感挫折，我的确需要别人的帮助，因为我毕竟是一个普通人。

咨询师：要承认自己是一个凡人，需要别人的帮助，是件很尴尬的事（共情技术）。

来访者：没错。不过该面对的总要去面对。

咨询师：说得很好，不过我告诉你，《心理访谈》这个节目只是让你知道你可以使用哪些资源，知道从哪里获得帮助（提供信息技术）。我希望你好好想一下，了解自己与男友分手后可能碰到哪些问题，寻找一些应对自己的问题的资料。下次见面，我们可以就你收集的资料进行讨论，看看哪些资料可能对你有帮助（提供信息技术）。

（3）使来访者养成对问题主动负责的习惯。

在咨询实践中我们发现，咨询师为来访者提供信息资源，协助来访者探讨与解决问题的方法，只要方法恰当，不仅不会使来访者对咨询师产生依赖，而且还可以使来访者养成对问题主动负责的习惯。之所以这样说，是因为咨询师提供信息时，会要求和鼓励来访者主动收集相关资料。在这个过程中，来访者不仅能掌握资料搜集的技术，同时也能学会如何运用资料了解与解决自己的问题。

（4）有利于对来访者进行角色引导。

角色引导是咨询师帮助来访者进行心理咨询的熟悉过程。咨询师告诉或教育来访者在咨询或治疗中，自己与其各自角色的程序，角色引导加强了咨询的有效性。心理咨询的过程不是神秘的，几乎所有的咨询师都会时不时地停下来，向来访者提供一些关于咨询的核心信息，帮助来访者解除困惑，进行角色转变。

【案例 15-5】

一来访者在第二次会谈一开始就告诉咨询师他对第一次会谈有强烈反应。

来访者：我不知道该不该告诉您的一些真实情况。上周会谈之后，我产生了一些很强烈的负性情绪。这和您没有什么关系，我是想："噢，天哪！我和您谈的东西没有一件会有改变。"这不是您的缘故……不要介意，我喜欢您，但我想我不会改变。

咨询师：如果你不能确定是否愿意在这儿和我谈某些事情，你不妨描述一下自己的感觉或者问一个问题，然后，我们可以一起决定是否花时间讨论它。有时，人们会对咨询或自己的咨询师产生强烈的情感。通常，讨论这些情感是正常的。你知道，在咨询中产生一些不好的感觉并不奇怪。我想，这可能是人们在开始面对自己的问题时的一种自然感觉（提供信息技术）。

（5）有利于对来访者体验到的症状加以说明。

例如，有焦虑症状的来访者常常认为自己"正在变疯"或"失去理智"或"快死了"。来访者开始考虑并最终认为自己有精神病，最后无疑要住院。而实际上，大多数焦虑障碍的预后是相当乐观的，应该向来访者提供这方面的信息。

【案例 15-6】

一来访者因紧张焦虑前来求助。

来访者：我很担心我会变疯，您看我正常吗？

咨询师：我知道你感到自己的大脑一定是出了问题，因为你现在有的症状可能令人害怕，但是根据你的个人史、家庭史和你所告诉我的症状，我可以告诉你，你不会变疯，你现在遇到的问题并不罕见，而且咨询治疗会有很好的效果（提供信息技术）。

4. 提供信息的基本原则

（1）明确来访者对信息的需求时间。

（2）掌握来访者需要什么样的信息。

（3）尽可能客观地呈现信息。

（4）不将信息强加给来访者。

（5）避免让来访者养成依赖习惯。

【案例 15-7】

来访者是一对 30 多岁的中年夫妇，丈夫是警察，妻子是一名幼儿教师，他们在管教 5 岁儿子的问题上产生了分歧。先生认为孩子被惯坏了，纠正的方法就是打屁股。妻子则认为孩子只是有点不听话，最好的管教方式是理解和爱护他。两人的行为也不同，先生常常责骂和打孩子，而妻子则在一旁看着，安慰孩子，并替孩子说情。

咨询师：先生、女士，我感觉到你们都爱自己的孩子，并希望他得到最好的教育。所以，在这个基础上，你们可以尝试找出最好的教育方式。在讨论孩子和他的行为时，要记住，只有当你们俩采取一致的教育方式时，孩子的表现才能更好。我想你们争执的部分原因是你们的教养方式，这可能是因为你们不同的职业文化背景。或许我们应该先来谈谈职业文化的差异，然后，再找出你们容易达成共识的地方。

咨询师（自问 1）：这对夫妻在教育孩子方面缺乏什么样的信息？

——缺乏有效的管教和养育儿童技巧的信息。

咨询师（自问 2）：由于两人具有不同的职业文化价值观，因此其养育方式也不同，咨询师所提供的信息必须适合两种职业文化价值观，比如：① 有时对孩子必须要有所约束；② 要正视父母与孩子之间的长幼关系，孩子要尊重家长，家长也要尊重孩子；③ 父母的管教行为一致时，孩子的表现会更好。父母不要总是争执，尤其是当着孩子的面。

咨询师（自问 3）：我怎样将 3 个信息排列呢？

——先讨论③：家长行为要一致。虽然各自的管教方式不同，但他们无所谓对和错，要强调共同点。

咨询师（自问 4）：我怎样提供这个信息才能让他们更容易理解呢？

——信息与两个人的价值观都要有联系。母亲看重理解、支持和呵护，而父亲看重权威、尊重和控制。

咨询师（自问 5）：这个信息可能会对求助者产生什么样的情感冲击呢？

——我应以积极的方式提供信息，这样才能吸引他们。一定小心不要站在任何一方，使一人感到轻松，而使另一人感到焦虑、内疚和情绪低落。

咨询师（自问 6）：我怎样知道提供的信息起到了作用呢？

——我要观察他们的言语和非言语反应，看他们是否肯定这个信息，还要看他们以后如何使用这个信息。

【例 15-8】

来访者，19 岁，大学二年级学生，女性，因为选择专业问题而求助，谈话已进行了 20 多分钟。

来访者：我认为我有美术天赋，本应该学习美术的，可我爸爸是一位个体医生，他认为，如果我学医将来就可以跟他一起把我家那个门诊好好经营下去，而且子承父业也是一件很好的事，我当时还以为这是一件十分荣耀的事情。这两年来，我学习很刻苦，可是，成绩却不见提高。到现在我才知道，原来我没有这方面的能力，而只是具备学习美术的能力，我很后悔没有选择美术专业。不过，我已经大二了，如果还不认清事实的话，恐怕会白白浪费许多时间和精力，到头来，什么也学不好。我现在最大的问题是：我的能力到底在哪方面？我该如何发展？

咨询师 1：你知道自己没能读成美术专业，觉得很沮丧，不过你宁愿面对现实，重新思考自己的未来（共情技术）。我不知道到底是什么原因让你想放弃医学专业，如果你愿意说出来的话，我们可以讨论这个问题。如果这个问题得到解决的话，或许你就不会那么烦恼了。

咨询师不是使用提供信息技术，而是想探索来访者放弃医学专业的原因。基本上，咨询师是希望来访者维持自己原先的选择。这种做法是将咨询师个人价值观强加在来访者身上，有违咨询师价值中立性原则。

咨询师 2：你知道自己学不成美术专业，觉得很沮丧，不过你宁愿面对现实，重新思考自己的未来（共情技术）。你原先的想法与你父亲的期望一样，这是很难得的。如果你真的想当医生，就不应该为了一些挫折而放弃。人生本来就充满了挫折，有些人坚持了，最后终于成功。如果你愿意的话，我可以介绍两位医生让你认识，看看他们是如何克服当时的困难的。

咨询师虽然试着使用提供信息技术帮助来访者，可是咨询师的重点是鼓励来访者维持原先的选择，这种做法也是将个人的价值观强加在来访者身上，有违咨询师价值中立性原则。

咨询师 3：你知道自己学不成美术专业，觉得很沮丧，不过你宁愿面对现实，重新思考自己的未来（共情技术）。如果你想知道自己的能力在哪里，以及将来如果发展的话，我可以安排你做职业心理测验。测验的结果可供你参考。关于转专业的事，你可以到学院教务处咨询，那里有关于大学生转专业的文件规定。我们心理咨询中心也将把你的职业心理测验的结果以及你所收集到的资料作综合分析，供你参考。不过，如果可能的话，你也应该与家人协商。

咨询师针对来访者的实际需求提供相关信息，帮助来访者了解自己并解决自己的问题。

第十六章　常用咨询技术（1）
放松技术

放松训练就是通过一定的方法，如呼吸法、暗示法、表象法和音乐法等，使人体的肌肉一步步放松，大脑逐渐入静，从而调节中枢神经系统的兴奋水平，缓解紧张情绪，增强大脑对全身控制支配能力的训练方法。

放松训练的原理，即肌肉和大脑之间是双向传导的，大脑可以支配肌肉放松，而肌肉放松的状态又可以反馈给大脑。放松训练包括呼吸放松、肌肉放松、音乐放松和意念放松等，临睡前、表象训练之前、考试前是放松训练的最好时机。

放松训练一共包括8个步骤：（1）准备动作，一般就是坐在靠背椅上，两手放在大腿上。（2）开始动作，以舒服为准。（3）调节呼吸，自己对自己说，我现在非常安静，非常放松。（4）做一次深呼吸，气沉丹田，然后就进入松感阶段。（5）热感阶段，就是全身都感到很放松了，手心暖暖的。（6）静感阶段，感觉前额凉丝丝的，就像放了一个冰袋一样，如果没有进入热感阶段，就不可能达到静感阶段。（7）松劲状态，感觉一种微微的愉快感，外面的一切都无法影响你，你正处于一种从来没有过的状态，只能听到自己心跳的声音和呼吸的声音，感觉到微微的、甜甜的愉快感。（8）进行活化练习，全身动员起来，表明已经休息好了，浑身充满了力量，渴望进入所面临的复习或是考试，最后结束。

放松训练的作用：第一，缓解紧张情绪，减少心理压力；第二，提高肌肉的感觉能力，使头脑清晰敏感，消除疲劳，加快恢复过程，一身轻松；第三，增强自我调控情绪的能力，集中注意力。

放松训练为表象训练创造一个适宜的心理状态，因为表象训练，或者说催眠疗法，是在放松训练的基础上进行的，放松训练是前提和基础。

1. 呼吸放松

以下是关于呼吸放松的方法：

第一篇

现在把意识放到腹式呼吸上来，深深地吸气，缓缓地呼气，在一呼一吸之间，感觉心跳的平缓和身体的安宁，缓慢地呼吸，去寻找呼吸的顺畅，静观身体的感受。深深地吸气，气息由鼻腔、胸腔沉入丹田，新鲜的氧气滋润着身体的每一个细胞；缓缓地呼气，带出身体中所有的废气、浊气，让一切的烦恼远离我们。感觉有一滴露珠滴落在我们的眉心，它顺着眉心来到我们的面颊，再从面颊流淌到我们的肩膀，顺着手臂滑过指尖，落入我们身下的净土，渐渐带走了一身的疲惫和生活的琐碎。放松我们的面部肌肉，舒展紧皱的眉头，嘴角微微上扬。用舌尖轻轻抵住上颚，感觉有一股玉液琼浆，让我们咽下它，让它滋养五脏六腑。吸气，小腹微微隆起，呼气，小腹一点一点地内收，感觉到我们的身体越来越轻，越来越轻，仿佛化作了一朵白云融进了蓝天。随着阵阵微风，在空中自由自在地飘动，在我们的脚下是一片微波荡漾的湖面，清澈的湖水在阳光的照射下波光粼粼。美丽的湖面上弥漫着一股清香的味道，一朵朵白莲花在微风中摇曳，荷叶上一颗颗水珠晶莹剔透，微风吹过，水珠从荷叶上滑落，融进了湖水之中。我们继续在空中自由地飘荡，温暖的阳光照射在我们云朵般的身体上，一种久违的祥和深入我们的心房。此刻远离了城市的喧嚣，放弃了繁杂的思绪，在蓝天寻找那份宁静与安详。

第二篇

用腹式呼吸，缓缓的气体穿过我们的心肺直到小腹，这时我们感觉到小腹微微隆起，呼气把所有的废气、浊气排出体外，缓缓地吸气、呼气，伴随着音乐声的响起，放松我们的眉心。让我们忘掉生活中的琐事，忘掉心灵的困惑，忘掉身体的酸痛，感觉自己置身于海边，带着无比轻松的心情光着脚漫步在沙滩上，脚底感受着细细的沙砾。微风轻轻地拂动着我们的衣衫，倾听着海浪的声音，闻着海水带来的咸咸味道，感觉着海浪的起伏。大海是那样的宽广，天空是那么的深蓝，就这样天海相接在一起，朦朦胧胧地形成了一条优美的弧线，海边的夜空星星点点，小船似的月亮是那么明亮。双手捧起沙子向天空撒去，闪出片片星光，好像无数的萤火虫寻找家的方向。来自心灵的愉悦是藏不住的，让我们嘴角上扬，伴随着海风，感觉意识慢慢地慢慢地离开了肉体，漂浮于空中，如同一只纯洁的天使，扇动着美丽的翅膀，自由着，快乐着……越过高山，越过云层，飞向星辰，飞向我们心中美丽的天堂。

第三篇

微微地闭上双眼，调整我们的呼吸，深深地吸一口气，让这如甘露般的氧气滋润着我们的全身，呼气将我们体内的污气连同所有的不快一同呼出，除去一身尘埃。想象我们走进一片森林，漫步在林间的小道上，柔和的光线从森林的空隙处渗透进来，斑驳地洒落在如绿毯般的草地上，一阵微风吹来，轻轻地拂过我的脸庞，几缕发丝随着那微风轻轻地飞扬。思绪也跟着飞啊飞啊，飞向那未知的远方。想象着蔚蓝的天空清澈得没有一丝云彩，深深地吸一口气，空气中还夹杂着野花的幽香。闻着这沁人心脾的幽香，仿佛身体也跟着坠入那一片片花的海洋，鸟儿在枝头欢快地鸣叫，用心倾听，远处还有小溪潺潺流水的声音，想象古诗里的"小桥、流水、人家"。来到溪边，俯身捧起一捧清澈的溪水，让这清凉的溪水滋润我们的脸部，抹去岁月留下的痕迹，恢复少女般白皙的容颜，让这清凉的溪水经我们的口、舌、喉，沉入丹田，滋润我们的每一寸肌肤。身体越来越轻，越来越轻，仿佛将要随着那潺潺的溪水缓缓流走，流向我们理想的心灵居所……

第四篇

让我们来到一片碧绿的湖水边，雨后初晴，湖水变得如此地澄净与平和。微风袭来，湖边的垂柳悠扬地舞动着它们柔软的枝条。不远处一只金色的蜻蜓贴着湖面飞过，激起一圈圈涟漪。周遭的空气也变得清新而愉悦。我们忍不住要深吸一口，将这雨后的芬芳吸入我们的腹底，让我们的身体净化。缓缓地呼一口气，将我们体内郁积的污气、浊气统统排出，感觉我们的身体变得越来越轻盈，像蜻蜓一样轻盈。想象我们挥动晶莹的如蜻蜓一般的双翼，停泊在如镜面般的湖中央。湖水沾湿我们的脚趾，传递给我们一身的清凉。让我们再吸一口气，尽情享受这大自然的盛宴，使我们的心灵更加充实、富足。慢慢地呼气，将体内残留的不悦与烦忧统统驱逐出体外，让我们回归淳朴真实的自我。朦胧中，我们又听到了秋蝉的低吟，树影婆娑，让生活的压力就在这分外安宁的环境中渐渐消退，一点点地远离我们的生活，远离我们的内心。

第五篇

让我们以腹式呼吸来调整自己的呼吸。吸气，感觉清新的空气经由我们的胸腔缓缓下流，抚慰我们的腑脏，最后浸润于我们的丹田，腹部微微向上隆起；呼气，感觉我们体内的污气、浊气缓缓溢出，内心感到无比的澄明与清澈。吸气，感觉我们置身于一片无垠的草原之上，溪水潺潺，叮叮咚咚奏着美妙的歌曲，蝴蝶自由地穿梭于烂漫的花丛中，自由地嬉戏，远处草天连接的地方遥遥传来牧人欢乐悠扬的牧曲。古老的马头琴演绎着那永远动人的弦音，沁人心脾，微风徐徐吹来，轻轻抚摸我们的脸庞，让我们忘记一切烦恼与不快，内心一片安静与愉悦。我们的心仿佛轻轻地摇曳在翻涌的绿波上面，落日的余晖暖暖地照在我们的肌肤上，从额头到脚尖全身的每一个细胞都得到滋润，感觉身体就如一支无瑕的藕，没有一丝尘垢与倦意，身体感到无比的舒坦与畅快。

第六篇

我们看到在海天的尽头，有一轮红日正在冉冉升起，美丽的海空弥漫着一股清香的味道，吸入我们的肺腑。我们徐徐地吐出浊气，换入新气，万道霞光照射在我们的身上，有一种久违的祥和深入我们的心房，有一种熟悉的喜悦正感动着我们，迎着红日的光芒，我们与它和谐连接。想象一下，夕阳坠入地平线，两边天际鲜红的霞光，一种博大的美充溢在我们的心头，时刻提醒着我们，只有纯净的目光、圣洁的心灵才能够让我们看到世界的美好和欢乐。这时你的眼前慢慢升起了一朵放射着光芒的莲花，把你的身体托起，向上托起，这朵莲花不停地放射着光芒，照亮了你的全身，照亮了你全身的骨骼并且照亮了你全身的肌肉，照亮了你的五脏六腑，你的身体此刻变得越来越轻盈，越来越空灵，越来越透明。在这永恒的光芒中，我们忘却了一切，同时，我们又拥有了一切，这一切中，我们忘却了自我，只有喜悦与我们同在。

第七篇

让我们幻化作一只洁白的海鸥，展翅翱翔于一片湛蓝的汪洋之上，此刻的海面是如此的平静，仿佛一面清澈的明镜，没有一丝瑕疵。就像我们一直憧憬的生活，宁静平和，没有波折。一阵清风掠过海面，掀起一层层海浪，雪白的浪花飞舞在空中，沾湿了我们的双翼。我们跟随着海浪的脚步，来到了岸边。海浪变做一缕缕温柔的水波，轻轻地拂过海滩，贝壳中的沙砾被海水冲去，露出五彩斑斓的本来面目。岸边的石子在海水的抚摸下渐渐地失去了尖锐的棱角，变得那么地光滑而圆润。整个海滩，在海水的洗礼下，显得如此美妙、壮观，却仍是如此平静。我们应当感谢生命，感谢生活中的磨难，感谢所有责难过我们的朋友，只有这样，我们的生命才能够散发光辉，我们的未来才充满祥和。

晓色云开，雨过天晴，仲夏的早晨使人格外神清气爽。我们踏着清新的小路，来到了湖边。氤氲的云雾在平静的水面上不停地涌动着，悄悄地弥漫着，仿佛是母亲期待婴儿的降生而等待着太阳的到来。顷刻间，火红的太阳带着微笑，扭动着腰，从湖面上渐渐地跳跃起来，在灰白相间的云翳中放射出道道金色霞光。灿烂的阳光洒向了人间，洒在了美丽的湖面上，洒落在我们的心田。

一阵阵清风掠过湖面，徐徐吹来，抚过脸庞。杨柳轻轻地摇曳，我们感到了丝丝的凉爽。曼舞的轻雾在和煦的清风的吹拂下，仿佛变成了一条浣洗的面纱，在湖面上慢慢地游走。阳光照耀下的水面波光粼粼，清澈如镜。鸥鸟在愉悦地欢唱，自由地飞翔。一会从小桥穿入水面，一会又张开翅膀冲向蓝天。湖对岸的群山层层叠叠，绵绵不断，黛若蛾眉，美丽如画。湖畔的小草经过洗礼越加青绿，娇媚的花卉更加姹紫嫣红。我们静静地坐在绿茵如毡的草坪上，沐浴着温暖的阳光，吮吸着清新的空气，灵魂得到了净化，精神充沛，觉得人生充满了希望，充满了力量。此时此刻，我们在优美的瑜伽乐声中进入了那种由内到外的无私、奉献、真爱、真美、回归自然的境界。

……

第八篇

仰卧，平躺于地，双脚自然分开，手臂放在身体两边，掌心向上。深深吸气，感受腹部的隆起和两肋的扩张，仿佛自己的肚子像气球一样鼓得圆圆的，身体里充满了新鲜的氧气；缓缓地呼气，感受腹部的凹陷和两肋的收缩，随着废气被挤压排出体外，仿佛自己胸腹部的肌肤越来越贴近后背。

吸气要轻，吐气要慢。

当呼吸逐渐深长而有节奏，可以尝试在吸气之后屏住呼吸，同时收肛、夹臀，数秒后再缓缓吐气。吐气的时间比吸气要稍微长一些。

如此调息十次，同时稳定情绪，放松全身。接下来进行身体各个部位的放松：用意识依次关照身体的各个部位，轻轻地指示它放松，然后移向下一个部位。可以从头到脚地进行，心中默念：头顶、头皮、额头、两眉、眉心、眼皮、眼球、鼻子、脸颊、腮帮子、上唇、下唇、牙齿、舌头、下巴、后脑勺、两个耳朵、脖子的后面、脖子的两侧、脖子的前面、两个肩膀、上臂、肘部、前臂、手腕、两手的背面、手掌心、两手的大拇指、其他的手指头、整个后背、胸肌和肋骨、心脏、胃部、两边的后腰和肾脏、腹部的肌肉和内脏器官、臀部、髋关节、大腿后面的肌肉、大腿前面的肌肉、膝盖窝、膝盖、两个小腿肚子、胫骨和小腿前面的肌肉、脚踝、两个脚后跟、脚板底、脚背、两脚的大拇指、其他的脚趾头。也可以反过来，从两脚开始，一直放松到头顶。一定要一个部位一个部位有节奏地进行，不要在某个部位停留过长或不加注意，用自己的意识帮助身体各个部位放松，撤去所有的力气。

将整个过程进行两到三次，体会放松的感觉逐渐蔓延到全身，心跳缓慢，血管舒张，血液像初春的河水哗哗流淌。

你感觉全身已经放得很松。放松之后，贴近地面的部位会有沉重的感觉，注意体会你的两个脚后跟、小腿后面、大腿后面、臀部、整个后背、肩膀、手臂、后脑勺变得很重，几乎是贴着地面沉下去。

你的所有重量卸到了地面上，感觉很重。

而你变得很轻、很轻，仿佛可以离开地面，飘起来。你的后脑勺比一根羽毛还轻。从头到脚体会一遍身体各个部位完全放松后的轻盈感，来回体会两遍。你感觉自己失去了重量，飘浮在空中。

整个身体充满了元气，充满了能量，非常舒服。

想象自己躺在一片绿草地上，软软的，绵绵的，阵阵清香扑面而来。蓝蓝的天空没有一丝云彩。潺潺的小溪，从身边缓缓流过。叫不出名的野花，争相开放。远处，一头母牛带着它的崽崽在散步。身边，孩子们在尽情地嬉戏玩耍着。一只蛐蛐在草地里蹦来蹦去。树上的鸟儿在不停地歌唱。

你，用心去听，远处有瀑布泻下的声音；你，深吸一口气，空气中有玫瑰散发的幽香；你，认真地去体会，自己忽而飘浮在安静的湖面上，忽而又深入到葱郁的树林中。你，要用心去感觉，你的身体变得很轻很轻，轻得几乎要飘浮在空中；你的身体又变得很重很重，重得就要陷进地下了。优美、舒缓的音乐，犹如股股清泉流经心田，此刻，你豁然开朗，身体也得到了最大限度的放松。

第九篇

现在请你躺好，轻轻地闭上眼睛，听着优美的音乐，心情慢慢平复，身体慢慢地、全面地放松下来……放松……现在你已经完全放松了，内心平静自然，心无杂念。此时此刻，你的灵魂慢慢升起，离开躯体，来到一片风景优美的草地上。这是一个初夏的午后，你迎着轻轻的微风，缓缓地走在这一望无际的绿油油的草地上，草地上点缀的星星点点的小花随着轻风微微地点着头。你来到不远处的小湖边，湖心一片连绵的荷叶浮在清澈的水面上，含苞待放的荷花婀娜地立在其间，偶有几只蜻蜓飞过，湖面便荡起圈圈涟漪。此时，你看着眼前的美景感觉豁然开朗，一种非常舒适的感觉在你的身体里蔓延开来。你席地而坐，慢慢地躺在柔软的草地上，闭上眼睛，享受着美妙的时刻。你深深地吸了一口气，略带花草香味、清新的空气一直渗入你的心里，渗入你身上的每一个细胞，你整个身心都慢慢地、慢慢地融入这美丽的大自然之中。暖暖的阳光温柔地照在你的身上，微风轻轻地拂过你的脸庞，此时你的一切烦恼、忧愁、恐惧、沮丧，在这阳光的照射和微风的吹拂下都一去不复返了，你感到自己的身心非常放松，非常安逸，非常舒适。湛蓝的天空中飘着几朵白云，轻盈地如棉絮般，你感觉你坐在了一片白云上，随着它慢慢漂移，你感到绵软而踏实、自由自在、无拘无束，你的内心充满了宁静祥和，一种舒适平安的感觉慢慢地聚集到你的心里，你感觉到自己的身心非常放松，非常舒适，非常平静，请你慢慢体验一下这种放松后愉悦的感觉……现在，你的灵魂随着白云渐渐地靠近你的躯体，慢慢地与你的身体合二为一，你觉得浑身都充满了力量，心情特别的愉快，你的头脑开始渐渐地清醒，思维越来越敏捷，反应越来越灵活，眼睛也非常的有神气，你特别想下来走走，散散步，听听音乐。

准备好了吗？好，请你慢慢地睁开眼睛，你觉得头脑清醒，思维敏捷，浑身都充满了力量，你想马上起来出去散散步。

2. 躯体渐进放松

渐进性肌肉放松训练法（PMR），最早由美国生理学家艾德蒙・捷克渤逊（Edmund jacobsen）于 20 世纪 30 年代创立，后来逐步完善，应用广泛，是目前为止比较好的一种放松方法。

渐进性肌肉放松训练法基于以下理论基础，即个体的心情包含着"情绪"和"躯体"两方面。如果能改变"躯体"的反应，"情绪"也会随着发生变化。内脏的躯体反应主要受皮层下中枢和自主神经系统影响，不易随意操纵和控制；而中枢和躯体神经系统则可控制"随意肌"的活动，通过有意识地控制随意肌肉的活动，间接地松弛情绪，建立和保持轻松愉快的情绪状态。在日常生活中，当人们心情紧张时，不仅"情绪"上紧张、恐惧、害怕，而且全身肌肉也会变得沉重僵硬；但当紧张情绪松弛后，沉重僵硬的肌肉也可通过其他各种形式松弛下来（如睡眠、按摩等）。基于以上原理，渐进性肌肉放松训练法就是训练个体能随意放松全身肌肉，以达到随意控制全身肌肉的紧张程度，保持心情平静，缓解紧张、恐惧、焦虑等负性情绪的目的。

它的具体做法则是通过全身主要肌肉收缩——放松的反复交替切换练习，使人体验到紧张和放松的不同感觉，从而更好地认识紧张反应，并对此进行放松，最后达到身心放松的目的。因此，这种放松训练不仅能够影响肌肉骨骼系统，还能使大脑皮层处于较低的唤醒水平，并且能够对身体各个器官的功能起到调节作用。

在这种放松训练的每一个步骤中，最基本的动作是：

（1）紧张你的肌肉，注意这种紧张的感觉。

（2）保持这种紧张感 3~5 秒钟，然后放松 10~15 秒钟。

（3）最后，体验放松时肌肉的感觉。

经过渐进性肌肉放松训练法训练后，一般都会感到头脑清醒、心情平静、全身舒适、精力充沛。个别会出现肌肉局部颤动、皮肤异常的情况，有时还可能出现眩晕、幻觉、失衡等表现，有学者认为，这些感觉都是自主神经系统的调整和中枢神经系统异常积蓄能量释放的表现，正是渐进性肌肉放松训练法产生效果的最好反映。

下面具体介绍渐进性肌肉放松训练法的程序。

首先，应讲清该方法原理、目的和意义，以及肌肉放松后的体验。

其次，由于是在课堂上进行指导训练，因此教师进行指导时语气要轻柔，语速要适中，吐字要清楚，并伴有动作示范。

最后，教室要安静、整洁、光线柔和，尽量使学生感到舒适。

渐进性肌肉放松训练法训练过程

以下为引导语：

"我现在来教大家怎样使自己放松。为了做到这一点，我将让你先紧张，然后放松全身的肌肉。紧张及放松的意义在于使你体验到放松的感觉，从而学会如何保持松弛的感觉。"

"下面我将使你全身的肌肉逐渐紧张和放松，从手部开始，依次是上肢、肩部、头部、颈部、胸部、腹部、臀部、下肢，直至双脚，依次对各组肌群进行先紧张后放松的练习，最后达到全身放松的目的。"

第一步：

"深吸一口气，保持一会儿。"（停10秒）

"好，请慢慢地把气呼出来。"（停5秒）

"现在我们再做一次。请你深深吸进一口气，保持一会儿。"（停10秒）

"好，请慢慢把气呼出来。"

第二步：

"现在，请伸出你的前臂，握紧拳头，用力握紧，体验你手上紧张的感觉。"（停10秒）

"好，请放松，尽力放松双手，体验放松后的感觉。你可能感到沉重、轻松、温暖，这些都是放松的感觉，请你体验这种感觉。"（停5秒）

"我们现在再做一次。"（同上）

第三步：

"现在弯曲你的双臂，用力绷紧双臂的肌肉，保持一会儿，体验双臂肌肉紧张的感觉。"（停10秒）

"好，现在放松，彻底放松你的双臂，体验放松后的感觉。"（停5秒）

"我们现在再做一次。"（同上）

第四步：

"现在，开始练习如何放松双脚。"（停5秒）

"好，使你的双脚保持紧张感，脚趾用力绷紧，保持一会儿。"（停10秒）

"好，放松，彻底放松你的双脚。"

"我们现在再做一次。"（同上）

第五步：

"现在开始放松小腿部肌肉。"（停5秒）

"请将脚尖用劲向上翘，脚跟向下向后紧压，绷紧小腿部肌肉，保持一会儿。"（停10秒）

"好，放松，彻底放松。"（停5秒）

"我们现在再做一次。"（同上）

第六步：

"现在开始放松大腿部肌肉。"

"请用脚跟向前向下紧压，绷紧大腿肌肉，保持一会儿。"（停10秒）

"好，放松，彻底放松。"（停5秒）

"我们现在再做一次。"（同上）

第七步：

"现在开始注意头部肌肉。"

"请收紧额部的肌肉，收紧，保持一会儿。"（停10秒）

"好，放松，彻底放松。"（停5秒）

"现在，请紧闭双眼，用力紧闭，保持一会儿。"（停10秒）

"好，放松，彻底放松。"（停5秒）

"现在，转动你的眼球，从上，到左，到下，到右，加快速度；好，现在从相反方向转动你的眼球，加快速度；好，停下来，放松，彻底放松。"（停10秒）

"现在，咬紧你的牙齿，用力咬紧，保持一会儿。"（停10秒）

"好，放松，彻底放松。"（停5秒）

"现在，用舌头使劲顶住上腭，保持一会儿。"（停10秒）

"好，放松，彻底放松。"（停5秒）

"现在，请用力将头向后压，用力，保持一会儿。"（停10秒）

"好，放松，彻底放松。"（停5秒）

"现在，收紧你的下巴，用劲向内收紧，保持一会儿。"（停10秒）

"好，放松，彻底放松。"（停5秒）

"我们现在再做一次。"（同上）

第八步：

"现在，请注意躯干部肌肉。"（停5秒）

"好，请往后扩展你的双肩，用力往后扩展，保持一会儿。"（停10秒）

"好，放松，彻底放松。"（停5秒）

"我们现在再做一次。"（同上）

第九步：

"现在上提你的双肩，尽可能使双肩接近你的耳垂，用力上提，保持一会儿。"（停10秒）

"好，放松，彻底放松。"（停5秒）

"我们现在再做一次。"（同上）

第十步：

"现在向内收紧你的双肩，用力内收，保持一会儿。"（停10秒）

"好，放松，彻底放松。"（停5秒）

"我们现在再做一次。"（同上）

第十一步：

"现在，请向上抬起你的双腿（先左后右或是先右后左均可），用力上抬，弯曲你的腰，用力弯曲，保持一会儿。"（停10秒）

"好，放松，彻底放松。"（停5秒）

"我们现在再做一次。"（同上）

第十二步：

"现在，请收紧臀部的肌肉，会阴部用力上提，用力，保持一会儿。"（停10秒）

"好，放松，彻底放松。"（停5秒）

"我们现在再做一次。"（同上）

结束语：

"这就是整个渐进性肌肉放松训练过程。现在，请感受你身上的肌群，从下向上，全身每一组肌肉都处于放松状态。"（停10秒）

"请进一步注意放松后的感觉，此时你有一种温暖、愉快、舒适的感觉，并尽量使这种感觉保持1至2分钟。"（停1分钟）

上面是渐进性肌肉放松训练的程序，在掌握这个程序之后，可给学生提供书面指示语或录音磁带，要求有需要的学生自行练习，每日进行1~2次，每次15分钟，持之以恒，循序渐进，最终会取得较好的效果。

3. 想象放松

想象放松法主要通过唤起宁静、轻松、舒适情景的想象和体验，来减少紧张、焦虑，控制唤醒水平，引发注意集中的状态，增强内心的愉悦感和自信心。例如，想象自己躺在温暖阳光照射下的沙滩上，迎面吹来阵阵微风，海浪有节奏地拍打着岸边；或者想象自己正在树林里散步，小溪流水，鸟语花香，空气清新。

这种技术首先要求采取某种舒适的姿势，如仰卧，两手平放在身体的两侧，两脚分开，眼睛微微闭起，尽可能地放松身体。慢而深地呼吸，想象某一种能够改变人的心理状态的情境。尽可能使自己有身临其境之感，好像真的听到了那儿的声音，闻到了那儿的空气，感受到了那儿的沙滩和海水。练习者身临其境之感越深，其放松效果越好。

利用想象来放松的关键在于：（1）头脑里要有一种与能产生放松感密切相联系的、清晰的情境。（2）要有很好的想象技能。

情境一：

1. 请注意听以下暗示语，它们会有助于你提高放松能力。每次我停顿时，继续做你刚才正在做的事。好，轻轻地闭上双眼并深呼吸三次……

2. 左手紧握拳，握紧，注意有什么感觉……现在放松……

3. 再次握紧你的左手，体会一下你感觉到的紧张状况……再来一次，然后放松并想象紧张从手指上消失……

4. 右手紧紧握拳，全力紧握，注意你的手指，手和前臂的紧张状况……好，现在放松……

5. 再一次握紧右拳……再来一次……请放松……

6. 左手紧紧握拳，左手臂弯曲使肱二头肌拉紧，坚持……好，全部放松，感觉暖流沿肱二头肌流经前臂，流出手指……

7. 右手握紧拳头，右手臂弯曲使肱二头肌拉紧，坚持，感觉这种紧张状态……好，放松，集中注意力，感觉暖流流过你的手臂……

8. 请立即握紧双拳，双臂弯曲并处于紧张状态，保持这个姿势，想一下感觉到的紧张……好，放松，感觉整个暖流流过肌肉。所有的紧张流出手指……

现在我静静地躺在湖边的草地上，周围没有其他人，清风轻轻地吹着，我感觉风吹过草地，从我的耳旁吹过，我感受到了阳光照射的温暖，抚触到了湖边柔软的草，我全身感到无比舒适，微风带来清新的味道，湖面上的水静悄悄地涌过来，时不时有鱼儿嬉水溅出的水花声，我静静地，静静地谛听这令人神往的梦里水乡……

我坐上了小船，在平静的水面上慢慢荡漾，小船轻轻地摇呀，它有节奏地向我梦想最美丽的地方摇去，我的呼吸渐渐慢而深，和着小船的节奏，在这个美丽的世界里，我尽情地享受。

天上的白云倒映在镜子一样的水面上，不知哪是水面，哪是天空。几只白色的鸟儿贴近水面掠过，翅膀几乎触到水面，一会儿它们又飞向蓝天，尽情地展示它们的飞行技巧，非常轻巧，潇洒自如，正如我一度有过的进入最佳状态时的表现，一切变得那么投入，一切都在我的控制中，我的学习状态越来越好，越来越好……

第十七章 常用咨询技术（2）
角色扮演

　　角色扮演技术是指运用戏剧表演的方法，将个人暂时置身于相关人物的社会位置，并按照这一位置所要求的方式和态度行事，以增进人们对他人社会角色及自身原有角色的理解，从而学会更有效地履行自己角色的心理咨询技术。

　　（1）角色扮演是一种较为特殊的咨询技术，不是每次咨询中都适合使用，是一种有助于来访者理解其他角色行为和学习新行为的有效技术。

　　（2）角色指社会团体期许的特定类型的人应该表现出的行为表现。

　　（3）一个人能够适当地扮演被期待的角色，或是表现出符合期许的行为，才会被他人肯定和接受。

　　当个人不能适当地实践或扮演某一角色时，将发生社会适应困难；若个人不能接纳该角色行为，或者有两个以上的角色行为不能兼顾，则可能造成个人内心的冲突，形成自我适应问题。

　　对于角色适应困难，可以从两个方面加以澄清：

　　（1）觉察自己认知和情绪两方面的角色，把握自己对这个角色期待和角色行为的敏感度。

　　（2）觉察他人对该角色的知觉及认知状况，以及与他人的人际关系及双方情绪上的反应。

　　角色扮演可以帮助来访者通过清楚的沟通和适当的社交训练活动，知道自己应该扮演或是被期待的是什么角色，表现适当的角色行为，以避免人际冲突发生。

　　在个别辅导中，运用这一技术的目的在于通过角色扮演，将来访者日常生活中所遭遇的困扰情景再度表现出来，让来访者现身说法，设身处地地重新体验与诠释过去的经验，从而发现问题，觉察与宣泄情绪，学习新行为或预演即将面对的情景。

　　1. 角色扮演技术的程序与步骤

　　（1）对角色扮演的适应性进行评估，即此情此景是否适合采用角色扮演技术，来访者是否愿意配合。

　　（2）对角色扮演进行说明，向来访者说明角色扮演的方法和作用。

　　（3）进行扮演前的热身活动，如描述场景或做一些小练习。

　　（4）进行角色扮演。

　　（5）演出后的讨论，主要是讨论双方的感受和收获。

（6）讨论后修正再演出。

2. 角色扮演技术的功能

（1）协助来访者了解自己，宣泄情绪。

（2）促使来访者澄清对他人的感受，修正对他人的了解。

（3）协助来访者预演与学习新的行为、想法和感受。

这里有两种情形：一是以新的行为、感觉和想法面对原来的旧情景，预演与学习新的应对方式；二是来访者需要面对一个新的情景，但是不知道如何应对，这时要训练来访者的应对技巧。

3. 使用角色扮演技术的注意事项

（1）在扮演前，咨询师与来访者需要充分地沟通，使双方对即将扮演的角色充分地了解。

（2）最好来访者自愿出演。为了减轻来访者在扮演时的心理压力，可由来访者决定演出过程中何时暂停。

（3）提醒来访者在扮演过程中注意体会自己内在的经验和感受。

（4）角色扮演结束后，咨询师与来访者需就扮演过程及体验到的感受进行分享与讨论，必要时针对讨论内容进行修正，然后再扮演一次。

4. 使用角色扮演技术的时机

以个别咨询的发展历程来看，角色扮演较适宜的时机在于咨询的中期和后期，也就是在咨询师和来访者有较稳定的咨访关系，咨询师对来访者的特质、问题有了初步了解，来访者的心理准备度较高时，采取角色扮演帮助来访者真实地面对自己，预演行动计划，较为可行。

【案例 17-1】

小雨从小就很害怕父亲，觉得父亲是一个相当严肃的人，所以很少和父亲沟通。但是他又很羡慕别人可以和父亲自由自在地聊天，很想改变与父亲的互动方式。

咨询师：小雨，到现在为止，我们共同讨论了一些调整你与爸爸的关系的方法，不知你觉得这些方法是否可行？

来访者：我真的很想试试看，但是我还是有一些担心，不知自己能不能做得到。

咨询师：看来你似乎不太有把握能做得到。好，没关系，我们可以先用角色扮演的方式来练习如何与爸爸沟通，也许你比较有勇气去尝试。

来访者：角色扮演？

咨询师：对，我暂时先扮演你的爸爸，我们来练习一下，好吗？

来访者：好呀，可以试试看。

咨询师：爸爸什么时候最轻松，适合谈心？

来访者：晚餐后，爸爸会坐在沙发上看报纸，这时他看起来最轻松、最愉快。

咨询师：好，我们开始进行角色扮演，你可以把我当作你的爸爸。打开话匣子，你可以选择一件最想跟爸爸沟通的事情。在我们练习的过程中，你要细心体会当时的内心感受。若遇到你认为值得讨论的问题时，你可以喊停，清楚了吗？

来访者：好的，可以开始了。

咨询师：我们开始！现在是晚餐后，爸爸穿着休闲服坐在沙发上看报纸，你可以坐在爸爸的旁边。爸爸看你一眼，问道："有事吗？"

来访者：有，爸爸，我想跟你聊一聊……

咨询师：噢，什么事？

……

咨询师：好，我们先暂停。小雨，你能不能说说刚刚与爸爸谈话的感觉？

来访者：刚开始有点害怕，也有点尴尬，后来逐渐进入状态。把内心的话讲出来真好……

【课堂操作练习】

1. 给出一个适宜使用角色扮演技术进行个别咨询的情景。

2. 两人一组，一个扮演咨询师，另一个扮演来访者，在上述情景中的咨询练习使用角色扮演技术。

第十八章　常用咨询技术（3）
空椅子技术

空椅子技术是指咨询师为了处理来访者个人内或个人间的冲突，使用不同的椅子代表来访者个人内或个人间不同的冲突力量，并使他们之间进行模拟对话，让不同的力量由冲突达到协调，进而使来访者人格得到统整，与外在环境和谐相处。

空椅子技术是一项重要的治疗技术，虽然不同治疗学派对空椅法赋予了不同的理论基础，基本上都是使用空椅法处理个人内与个人间的冲突。

空椅子技术的功能有两点：一是协助来访者进行内在对话，觉察自己真正的需要；二是协助来访者完成未完成的事件。

空椅子技术的使用是在来访者和咨询师的情绪状态达成一致时，也就是说，已经有了充分的暖身活动，来访者对咨询师比较信任，情绪情感较和谐的时候。只有这样，来访者才能在咨询师的引导下进入身临其境的状态，空椅子技术的效果才能产生。

使用空椅子技术时，要对来访者进行适时的引导，而不是任由来访者闭上眼睛空想。

虽然空椅子技术的使用有一些固定的步骤，可是在完形治疗中，空椅子技术被运用在不同的情境中，所以咨询师使用空椅法时，会因为情境不同而有不同的调整。Polster 将协助当事人觉察与处理接触干扰的过程分为 8 个阶段，分别为：（1）需求出现；（2）扮演需求；（3）策动内在的挣扎；（4）描述需求与抗拒的主题；（5）僵局的境界；（6）高点经验；（7）曙光乍现；（8）需求与抗拒相互包容。

【案例 18-1】

咨询师：你好，请问今天有什么可以帮助你的？

来访者：你好，我大学毕业之后在一所中学教书，但是有些不甘心，所以就参加研究生考试，可是连续两年都没有考上，我觉得自己不够用功，可是我又感觉自己很用功，这很矛盾。

咨询师：嗯，就是说你现在很矛盾，自己两年都没有考上研究生。一方面，你觉得自己已经够努力了，另一方面，你又觉得自己不够努力，是吗？

来访者：嗯，对，我觉得自己已经很努力了，可是还是没有考上，我觉得非常矛盾。

咨询师：针对你这样的一个情况，我们利用空椅子技术做一次活动。

来访者：什么是空椅子技术啊？

咨询师：嗯，就是说你挑选两把椅子，一把代表"你觉得自己已经够努力了"，一把代表"你觉得自己还不够努力"，两者之间进行对话，就感觉两者在相互指责一样，把你内心的矛盾冲突具体地呈现出来。

来访者：嗯，好的。

（来访者挑选好两把椅子，并且搞清楚各自代表什么）

咨询师：那么你现在想象一下，觉得哪一边想先说话，你就坐到哪一边的椅子上。

来访者：（不够努力）我觉得自己不够努力，一到家就看电视，没有说一回到家就及时地调整好心态复习考研的课程。我不应该放纵自己，难怪自己两年都没有考上。

咨询师：嗯，你觉得要交换一下，对方也就是"已经够努力了"会有什么回应呢？

来访者：（够努力）我觉得自己已经够努力了。平时要上班，工作很忙，而且我又是班主任，事情很多，还要顾及男朋友的感受，要考虑很多事情，很少有多余的时间复习，自己已经很累了。

咨询师：就是说你觉得自己已经很努力了，自己工作很忙。那么，交换一下，你觉得"不够努力"会有什么样的反应呢？

来访者：（不够努力）你还是不够努力，你看看那些比你晚来学校的人，人家都考上研究生了，人家也是班主任，工作也很忙，一年就考上研究生了，你自己回家就知道看电视、睡懒觉，不好好复习，现在还为自己不努力找借口。

咨询师：那你自己现在是什么样的感受呢？

来访者：觉得自己还是不够努力。

（这个时候来访者说还有话说，坐到了"够努力"的椅子上了）

咨询师：嗯，可以继续说，你自己内心想表达的都可以说出来。

来访者：（够努力）我觉得自己还是不够努力。其实，每个星期都有一天可以休息，我可以利用休息时间复习，而不是把那些时间用来做一些不重要的事情，自己还是不够努力。

咨询师：你现在虽然坐在了"够努力"的椅子上，但表达出来的是自己"不够努力"的想法，你内心觉得自己还是"不够努力"吗？希望自己更加努力吗？

来访者：嗯，可以这样说。

咨询师：你现在好像已经澄清了内心的矛盾，是吗？

来访者：是的，就是感觉自己还是不够努力，应该要继续努力。

咨询师：那你现在的感受是什么？

来访者：感觉不矛盾了，知道自己内心真正的想法，回去应该好好努力复习。

咨询师：嗯，好的。希望你好好努力。祝你下次成功！

来访者：好的，谢谢。

咨询师：时间也差不多了，那我们今天的咨询就此结束吧。

来访者：好的，再见。

咨询师：再见。

第十九章　常用咨询技术（4）
沙盘游戏治疗技术

沙盘游戏治疗是目前国际上流行的心理治疗方法。通过唤起童心，人们找到了回归心灵的途径，身心失调、社会适应不良、人格发展障碍等问题也在沙盘中得以化解。

一盘细沙，一架子各式各样的物件造型，加上治疗师的关注与投入，来访者的自由表现与创造，沙盘游戏的最基本的要素就齐了。来访者把内心的一些冲突和不良情绪无意识地释放和投射在沙盘中，内心世界得以呈现。

沙盘世界像一座"心灵花园"，像一个来访者展示心灵的容器，使其内心世界和外在生活在这里逐步得到呈现和自我揭示。

沙盘游戏治疗并不是一种心理测验，而是一种心理咨询和心理治疗技术。沙盘游戏为来访者提供了接触内在感觉或心灵的通道，用意象来呈现发生在无意识世界和现实世界的事情，使内心的东西具体化，把来访者被压抑的或未知的带入意识中。

所以，沙盘游戏是非语言性心理治疗技术，是来访者通过有形的沙盘世界表达自己的语言。

1. **沙盘游戏疗法的应用**

沙盘游戏已经在世界各地被广泛运用，心理治疗师可用沙盘进行心理分析、心理治疗以及心理疾病诊断，对于神经症、人格障碍都有非常好的效果，经常被一些经验丰富的沙盘游戏心理分析师用于精神病人的治疗。

2. **沙盘游戏治疗的适用对象**

（1）沙盘游戏特别适合儿童。在创造性的游戏中，儿童拥有一种持续的快乐，这是因为他们对所使用沙具的象征性语言保持着一种天生的理解力。沙盘游戏与其他游戏最大的不同在于能触及儿童内心深层的问题，帮助儿童在游戏中平衡外在现实和内在现实，逐步达到自我治愈，从而改变行为的目的。

对儿童自闭症、多动症、攻击行为、注意力不集中、作业及考试拖拉、自控能力差、抽动、遗尿、网瘾、厌学、人际关系不良、抑郁症、恐惧症等特别适应。

（2）其实，沙盘游戏也适合成人。对一些神经症，如焦虑症、抑郁症、强迫症、社交恐惧症、产后抑郁症和更年期综合征很有效果；另外，在处理感情困扰、择业、工作压力过大、夫妻婚姻关系等问题方面也很有效。

（3）适合语言表达不清且内心困惑的人。

（4）适合对夫妻、企业员工、学生、教师等类人群进行团体治疗。为人们提供了一个学习适应和了解他人心理的途径，对增加团体凝聚力，加强人际关系有极大的好处。

3. 沙盘游戏治疗的作用

（1）情绪紊乱可以通过另外一种途径来解决，不是通过理性的澄清，而是通过赋予其一个可见的形状。

（2）沙盘游戏治疗能够将模糊的身体感觉和情绪通过沙盘中的创造，转化为可见的真切的三维意象。那些沙盘图画好比一个人心灵的门窗，让心理治疗师能够与来访者建立直接而深入的接触与沟通。

（3）创作沙盘的体验能激发来访者的创造潜能。

（4）审视沙画能使来访者非言语地、直观地看到无意识里发生的事情。

（5）治疗师在一旁静观默察起着认可与接受来访者心灵世界的作用。

（6）沙盘也是一个"容器"，承载来访者心灵中很多未被知晓的无意识内容。

4. 体验沙盘团体辅导

沙盘疗法干预、团体沙盘训练可以有效改善来访者的人际交往障碍，在团队的协作过程中，每个人都有和别人合作的机会，每个人都有用语言表达自己心愿的机会，每个人都可以在自由的空间将自己的优点、缺点、家庭教育的方式、价值观等从潜意识里拉出来。分享的环节就是看到别人眼里的自己，正确地认识自己。通过自我认识的提高、在团队合作中学会包容、接纳不同的意见，达到自我改变、自我提升。

（1）指导语。

每个人都有想和别人交流的想法，也都会遇到不同的问题，但有时用言语不太容易表达清楚。现在，让我们用这些玩具在沙箱里共同完成一个作品，这不是心理测试，所以不需要考虑好坏对错问题，只要将自己想放的玩具放上去，将自己的想法表达出来就可以了。摆放的顺序由抽签决定，每人每次只能放一个玩具或完全相同的几个玩具，不许拿走他人已摆放的玩具，但可以挪动，成员之间不能进行任何形式的交流。

（2）规则。

第一，先将手伸进沙中抚触沙，体验沙的感觉。

第二，抽签或猜拳决定顺序。

第三，整个制作过程中不许说话，但可以和参与者互动。

第四，不能将他人或自己摆放的玩具拿走或放回玩具架，但允许移动，并算作一次，而且不能再添加玩具。

第五，整个制作过程最后一轮中最后一个人摆完后还可以有一次修饰的机会，可对整个作品进行一些调整，但不能再添加玩具。

（3）分享。

第一，给沙盘的图形起个名字。

第二，讲一个故事。

第三，自己有动过或移走他人摆放的物品吗？是哪些？理由是什么？

第四，自己摆放的物品被他人移动或移走吗？是哪些？对此有何感受？

第五，还有需要微调的地方吗？

第六，照相并恢复。

第二十章　常用咨询技术（5）
绘　画

【课堂体验】

房—树—人

（1）引导语。

在你的面前有一张白纸、一支铅笔、一块橡皮，要求你拿起笔，在给你的这张白纸上画一栋房子、一棵树、一个人，人要全身像。当你画完以后，愿意加什么都可以画上去。我们只是要求大家认真画，不存在好坏和对错的问题。

（2）课堂体验。

（3）从心理学的角度分析"房—树—人"图。

我们至少可以从三个层面去分析一幅图画：一是从整体上进行分析，包括其画面大小、笔画力度、构图、颜色等；二是从画的过程去分析，包括先画什么、再画什么、是否有涂擦、花了多长时间等；三是从画的内容上去分析，先看整体印象，再看房屋，然后看人，接着是看树，再接着是看屋、树、人三者之间的距离，最后是看有无附加物。

一、画面大小

画面超过 1/2 纸张，表明绘画者的性格通常是偏外向的；画面充满纸张，表明绘画者性格外向的倾向更加明显；画面正好占 1/2 的，表明绘画者既不外向也不内向；画面小于 1/2 的，表明绘画者性格偏内向；画面小于 1/3 的，表明绘画者有焦虑、抑郁、自卑倾向。

（1）画面非常大。可能表示一种攻击性倾向；可能因为内心的无力感而表现出外在防御机制；表示情绪化、躁动的倾向。画面大而内容多的人活泼，画成类似风景画的人，充满活力，有创造性，但可能有躁狂倾向。

（2）画面非常小。可能表示自我评价较低；有拘谨、胆怯和害羞的倾向；可能情绪低落；可能缺乏安全感；可能有退缩的倾向。画面在纸的上方且较小时，表示绘画者心理能量较低。

（3）所画内容各部分不在一个平面上，有三角立体关系的，社会适应性良好，有较好的独立性。画面呈俯视角的为理性人格。

二、画面位置

左代表过去、母亲、以往的事件、退行行为，以及对以往的留恋；右代表将来、父亲、发展、变化性和创造性；上代表天、幻想性和想象力；下代表地、早期生活经历、压抑、安全感和信任程度；中间代表自我中心、自大、自信。

1. 处于纸的中间：最普遍的情况，代表了安全感；处于纸的正中央，可能表明没有安全感，在人际关系上比较固执。

2. 处于纸的上部：表明注重精神方面的追求和满足，也可能代表一种乐观，有时是一种不合理的乐观。

3. 处于纸的下部：表明注重物质和现实问题的解决；没有安全感；代表一种匮乏感；情绪低落或悲观倾向。

4. 处于纸的边缘或最下部：没有安全感，缺乏自信，需要外部支持；依赖他人，害怕独立；逃避尝试新的东西，或者沉迷在幻想中。

5. 个人签名：签在右下角的常见，说明绘画者性格刻板；签在中间的表示以自我为中心；签在左下角的表示与众不同，压抑。

6. 画中人的位置：大致是左内向，右外向，前表现，后隐藏，中间爱说谎。

7. 纸对画面切断：左边被切断，代表绘画者早年受过心理创伤；右边被切断代表绘画者将来可能会受到心理创伤；下面被切断的绘画者通常来自破裂家庭，小时候很早离开母亲的人通常会这样画，他们往往缺乏安全感和信任感。画面四面被切反而没问题，表明绘画者抗挫折能力很强。

三、画面的对称性

对称性一般代表心理的平衡和稳定。一是形象对称，二是力量对称。凡事追求完美、稳定，守旧，不求变化。

四、画面的透明性

把里面的墙角线画成虚线的绘画者有创造性，适合学理工科；有人把看不到的东西画得能看到，如画的人是穿着衣服但又能看到敏感部位，表明绘画者可能有品行障碍；画出人体心脏、大肠等的人可能患有精神分裂症。

五、画面的立体性

画面有立体感的表示绘画者的感知力好，适应能力强。

六、画面的详细性

凡画得详细的人一般都是追求完美的人，如果画得很刻板、单调，绘画者可能有强迫倾向。画得详细的人心理活动细腻，情感投入大，有潜能和创造性。用尺子或类似物辅助作画的人刻板、强迫、认真，属规范做事的人。在画中添字的人可能过分理性，凡把所有东西都用字注解的人可能患有躁狂症或是精神分裂症。

七、画面的省略性

绘画时，省略人物耳朵的人不愿意听取他人的意见或建议，省略门的人缺少与外界沟通、交往的愿望和行为。

八、用笔的力度

用笔的力度是指绘画者画画时用力的程度，通常与精神动力、情绪表达、行为控制有关。

1. 有力的笔触：表示思维敏捷、自信、果断。

2. 特别用力：代表自信、有能量、有信心；代表神经绷紧；代表攻击性或脾气暴躁；代表器质性病变。

3. 轻微力度：表示犹豫不决、畏缩、害怕、没有安全感；表示不能适应环境；表示低能量水平。

4. 断续、弯曲的笔触：表示犹豫不决；表示依赖和情绪化倾向；表示柔弱与顺从。画人体线条不连贯的表示情感与现实分离。总之，线条粗重的人动力强；笔调淡、软的精神动力弱、压抑、拘谨；线条描绘浓淡不一致、深浅不一致的与情绪不稳定、行为变化莫测有关。

九、线条特征

长的线条表示绘画者能较好地控制自己的行为，但有时会压抑自己；短而断续的线条表示绘画者易冲动；强调竖线条的绘画者可能具有攻击性；强调横向直线的绘画者可能无力、害怕，具有自我保护性或女性化；强调曲线的绘画者可能厌恶常规；线条过于僵硬表示绘画者可能比较固执或具有攻击性倾向；不断改变笔触的方向可能表示绘画者缺乏安全感。

十、颜　色

一般暖色调象征温暖、热情、能量，冷色调象征冷漠、无能量。但对于每一种颜色代表什么意义，要看绘画者自己的解读。

如果绘画者过度使用一些颜色，那么要注意：红色可能与愤怒情绪有关；暗色系可能与忧郁情绪有关；艳色可能表示绘画者有狂躁倾向；使用很淡的，几乎看不清的颜色，表明绘画者可能想要隐藏自己。

一幅画使用多少种颜色能反映不同的信息：单色或两种颜色，表明绘画者可能有情感淡漠倾向；如使用三色至五色，表明绘画者比较正常。如果颜色种类过多，图画会显得繁复，绘画者可能有轻躁狂倾向，需要询问一下原因。

色彩的不同含义：

（1）蓝色：高尚、浪漫、宁静或消沉、沮丧。

（2）黑色：威严、高贵或死亡、丧葬、攻击性。

（3）棕色：大地、自然或淫秽。

（4）灰色：中立或缺乏激情、抑郁。

（5）绿色：繁育、更新、财富或贪婪、嫉妒。

（6）红色：贡献、性、激情、革命、羞辱、身体伤害。

（7）橘黄：冒险、变化。

（8）紫色：庄严、积极的个人发展或伤害、死。

（9）黄色：幸运、开化、启蒙或懦弱、疾病。

（10）白色：纯洁、完整、神圣或空虚、不健康。

十一、作画的过程

最先画的部分是绘画者最关注的。如果有很多涂擦的痕迹，凡通过涂擦画得越来越好的属追求完美类，而涂擦后画得越来越差的绘画者能力可能存在问题，全涂黑在旁边新画的绘画者可能具有攻击性，撕毁换纸重画的绘画者攻击性更强。

"房—树—人"绘画测验时间一般为 5~20 分钟，如用时过短，大概有两种情况：一是符号化，绘画者可能属于高智商，能把复杂的问题简单化；也可能是掩饰。二是质量差，绘画者可能有心理或精神方面的问题。用时过长，如果花了很长时间去画一幅简单的画，表明绘画者可能不愿意表现真实自我，在把哪些方面表现出来、如何表现等方面思虑过多。

如果绘画者对自己的画不满意，可能有这样几种情况：把不满意的画撕掉，这表明绘画者有追求完美的倾向；在画的不满意的画稿上继续作画，表明绘画者为达到目的不在意挫折。如果绘画者在绘画过程中要求换纸，有可能是因为被画出来的真实内容吓了一跳，重新画其实是进行整饰的过程。

十二、绘画分析时注意的问题

1. 一幅画不是测评工具，单纯用标准解释画是不准确、不完整的，必须考虑所有的指标和要素。

2. 绘画者本人的解读很重要。

3. 在进行绘画分析与治疗时，要注意将心理学各流派理论融会贯通，综合应用各种咨询技术和方法。

4. 分析来访者的绘画作品的过程，实际上也加入了咨询师自己的投射。

5. 对绘画作品要进行动态分析，多次作品中不变的部分投射的是稳定的人格、智商等方面，变化的是情绪、状态或成长等方面。

在分析绘画作品时，既不能投射不足，也不能投射过度。分析绘画作品时，要先分析投射出的积极的方面，后分析问题，另外，分析时要常常加上"……倾向""仅供参考"。

参考文献

[1] 谢金凤. 心理咨询技术与应用[M]. 武汉：华中师范大学出版社，2007.

[2] 刘宣文. 心理咨询技术与应用[M]. 宁波：宁波出版社，2006.

[3] 岳晓东. 心理咨询基本功技术[M]. 北京：清华大学出版社，2015.

[4] 岳晓东，刘义林. 社区心理咨询[M]. 北京：清华大学出版社，2017.

[5] [美]Sherry Cormier, Paula S. Nurius, Cynthia J.Osborn. 心理咨询师的问诊策略[M]. 6 版. 张建新，等，译. 北京：中国轻工业出版社，2015.

[6] 张伯华. 心理咨询与治疗基本技能训练[M]. 北京：人民卫生出版社，2011.

[7] 钱铭怡. 心理咨询与心理治疗[M]. 北京：北京大学出版社，1994.

[8] [美]Linda N. Edelstein, Charles A. Waehler. 心理治疗师该说和不该说的话——如何回答来访者的提问[M]. 聂晶，陈瑞云，李扬，译. 北京：中国轻工业出版社，2013.

[9] [美]伊丽莎白·雷诺兹·维尔福. 心理咨询与治疗伦理[M]. 侯志瑾，等，译. 北京：世界图书出版公司，2010.

附录　操作练习

姓名_____学号_____

第二章操作练习

1. 用结构化技术回应下列来访者的叙述。

来访者：我对咨询不是很清楚，似乎不是我们两人坐在这里谈那么简单，不知道我的看法对不对？还有，我想知道，你到底能帮我什么，应该不只是给我建议吧，这些我已经听够了。

咨询师：

2. 三人一组，设置初次见面的情境，练习使用结构化技术。其中，一个人扮演咨询师、一个人扮演来访者、一个人扮演观察员，然后交换角色，角色扮演结束后，三人谈一谈各自的感受。

姓名_____学号_____

第四章操作练习

1. 体验不专注的感觉：两人一组交谈，一人主动谈话，一人表现出不专注的状态（3分钟）。

2. 体验专注的感觉：两人一组交谈，一人主动谈话，一人表现出专注的状态（3分钟）。

3. 非言语行为的观察练习：三人一组，一人谈话，一人听，一人当观察员（3分钟）。观察员描述观察结果（不加解释）。

姓名_____学号_____

第五章操作练习

下列情境，用初级共情的技术回应。

1. 首先用"你觉得……（情绪字眼）因为……（事实内容简述）"；

2. 再以平常较自然的口吻将体会到的感觉和内容说出来。

例：来访者（一个中学生）：班上秩序不好，老师怪我不负责，要我把不守规矩的同学的名单给他，可是那些同学被处罚后都骂我"多管闲事"，说我是"马屁精"。我到底该怎样做才好？

咨询师的反应：

第一步：你觉得左右为难，因为不管怎样做，老师或同学都会怪你。

第二步：你夹在老师和同学之间左右为难，不知如何是好。

【情境1】

来访者：我不想念书了，我现在晚上打工可以学到很多东西，而且很实用，学校上的课理论性太强，以后也不一定用得上。

第1步：

第2步：

【情境2】

来访者：学校为我们做了心理测试，我有一项得分特别高，虽然这个分数不代表什么，但是心里还是别别扭扭的，觉得自己是不是真的有问题。

第1步：

第2步：

3. 分别使用初级共情和高级共情回应来访者的叙述。

【情境 1】

来访者是高三毕业生，她希望在毕业典礼上当致谢辞的代表，但是没有被选中。

来访者：我知道我自己很喜欢在那个场合代表同学致辞，我的意思是大家都可以公平竞争，但是学校选了小丽。她是个好学生，说话流利，人缘很好，可毕竟没有人天生就注定是当代表的。我是真的这么想，虽然我的功课比小丽好，但是我没有她那么有人缘，事实上，我真的没什么好生气的。

初级共情：

高级共情：

【情境2】

来访者是高中二年级的女生，参加活动时认识了一个高中三年级的男生，两个人一见钟情，生活因此改变，天天电话不断，夜夜公园漫步，到了不能分离的地步。她因此功课退步，五科不及格，人也变得恍恍惚惚。父母知道后，去找班主任。班主任威胁她说如果不断绝来往要记大过，父母也警告她如果再打电话或见面就要打断她的双腿。来访者左右为难。

来访者：我不能离开他，他也不能没有我，我们已经互许终身了。但是父母、老师都反对，想拆散我们，你说我该怎么办？

初级共情：

高级共情：

姓名_____学号_____

第六章操作练习

下面的情境，用探询技术回应来访者的叙述。

【情境 1】

来访者：我总觉得父母把我当小孩对待，什么事都要过问，实在受不了。

咨询师：

【情境 2】

来访者：年轻的时候不知道节约，赚多少就用多少，不知道要投资理财。现在有妻有子，每天一睁眼，就有好几张嘴等着吃饭。真担心哪天没有工作了，没有钱度日。

咨询师：

【情境3】

来访者：我很希望在班上交到一位知心朋友，但一直都没有找到，不知道您有没有方法教教我？

咨询师：

姓名_____学号_____

第七章操作练习

1. 评价下列咨询师对来访者的反应是否恰当。

来访者：我碰到任何问题都会慌乱不已，注意力无法集中，没办法思考，因此真正的实力无法发挥出来，真是气死人。今年的高考就是这样。当试卷发下来时我就开始慌乱，脑中一片空白，即使考的题目是以前看过、背过的，可是就是想不出答案。考完后真是懊恼死了。我那几个朋友，成绩没有我好，却个个上榜，真是气人，我觉得好丢脸。

咨询师 1：你容易紧张，所以今年高考时因为实力没发挥出来而成绩不理想，你觉得很生气。而能力比你差的朋友都考上了，这让你觉得很没有面子。

咨询师 2：你容易紧张，今年高考时因为过度慌乱而成绩不理想，你为此生气，因为依你的能力你应该可以取得好成绩。

咨询师 3：你的实力比你的朋友强，可是你却没有取得好成绩，为此你觉得丢脸。

2. 角色扮演训练。

（1）组成演练小组。

（2）确定来访者、咨询师和观察员的角色。

（3）决定角色扮演的话题，以现在或过去的人际关系的冲突为题材。会谈时，咨询师要针对来访者所说的内容使用简述语意技术。

3. 根据下列情境，辨识来访者的情绪，并写出作为咨询师的合适的反应。

【情境1】

来访者：哼，组长最偏心了，好做的工作都叫别人做，每次都把最困难的留给我。

【情境2】

来访者：我那两个宝贝弟弟当着我朋友的面大吵大闹，还大打出手，我怎么劝、怎么拉都阻止不了，那时我真恨不得有个地洞钻进去呢！

【情境3】

来访者：算了，不管我怎么做，都不会有人相信我，反正大家都认定我是坏蛋，就坏到底吧！

4. 参考以下情境，根据要求完成练习。

【情境 1】

来访者（8 岁）：（语调平稳，慎重选词，来回两边看，紧闭双唇，红着脸）我不喜欢待在家里。我希望与我的朋友及她的父母住在一起。我告诉我母亲，说不定哪一天我就会离开，但是她根本就不听我的。

自问 1：来访者使用了什么情感词？

自问 2：来访者的非言语行为暗示了什么情感？

自问 3：什么是精确或类似的可替换的情感词？

自问 4：与求助者使用的情感词相匹配的合适语句是什么？

自问 5：与来访者情感有关的情境和背景是什么？

实际的情感反映回答：

【情境 2】

来访者（一位青少年）：（粗哑而高声地说）看，学校中有那么多该死的规定。我要离开这该死的地方。我看这地方是肮脏的。

自问 1：来访者使用了什么情感词？

自问 2：来访者的非言语行为暗示了什么情感？

自问 3：什么是精确或类似的可替换的情感词？

自问 4：与求助者使用的情感词相匹配的合适语句是什么？

自问 5：与来访者情感有关的情境和背景是什么？

实际的情感反映回答：

姓名_____学号_____

第十一章操作练习

请你想象以下情境，并看看是否适合使用自我开放技术，如果你有类似的经历，请尝试表达。

【情境1】

来访者：我小学的时候成绩还比较好，但是上了初中，成绩就开始下降了。每次考试我妈都说我，我都不知道该怎么办。

咨询师：

【情境 2】

来访者：我在初中的时候爸爸妈妈就离婚了，我那时很自卑，为什么别人的家庭这么美满，偏偏我的家庭是这样，到现在我还是无法释怀。

咨询师：

姓名_____学号_____

第十二章操作练习

1．这里是一些即时性反应的例子，请你想象一下当时的情境，并加以练习。

（1）"每次当我提起学习成绩时，就像现在，你似乎想要回避这个话题。"

（2）"我发现，在这次谈话中，当谈起你的学习成绩时，你就停止了谈话。"

（3）"我刚才是触碰到你的敏感神经了，还是说还有些其他的东西有助于我更好地理解？"

（4）"我意识到，了解更多的有关我和我的背景及资格的信息，现在似乎对你来说是非常重要的。我觉得，你正在担心我能在多大程度上帮助你，以及你和我在一起能感到多大程度的舒适。你对我所说的话有什么看法？也许你也有一些东西想告诉我，如果是这样，我很愿意听。"

（5）"我注意到现在我的身体很紧张，你也很紧张地看着我。我感到我们彼此还不太习惯，我们似乎正以一种非常戒备和小心的方式相处。我不是非常确定这是怎么回事。你对这个有什么反应？"

2. 对下列情境进行即时性反应。

【情境 1】

来访者幼年时与父亲相处得很不好，所以对权威人物很抗拒，常表现出退缩、不合作的态度。他正在与咨询师谈他的学校生活，咨询师问了几个问题，他都回答"不知道""不清楚"，导致谈话无法顺利进行，这时，你的反应是什么？

即时性反应：

【情境 2】

来访者：别的同学告诉我，老师你很会帮助人，但是我很怕我的问题太小了，说出来让你笑话。

即时性反应：

来访者：打小我就告诉自己，一切都要靠自己，不能去求人帮忙，找人哭诉求助是件丢人的事。

即时性反应：

姓名_____学号_____

第十三章操作练习

用面质技术回应下列来访者。

【情境1】

来访者：我希望能很骄傲地从医学院毕业，希望在班里名列前茅，取得成功。但没完没了的聚会妨碍了我，使我不能全力以赴。

咨询师：

【情境2】

来访者：有什么稀罕，分手就分手。他也不替我想想看，我们在一起10年了，当时我才25岁，如今我已经35岁，他才觉得我们个性不合，要跟我分手。我就不相信除了他我就找不到人嫁。我相信我还有本钱，还有人爱（声音发抖，音量减弱）。

咨询师：

【情境 3】

来访者：我没有关系，你既然要写论文，那我们的约会就取消吧。

咨询师：

姓名＿＿＿＿＿学号＿＿＿＿＿

第十七章操作练习

两人一组，以下列情境为背景，以角色扮演技术为主解决来访者的困扰。

【情境1】

来访者：跟女朋友分手是情非得已的。如果不是到了不能挽回的地步，我是不会这样痛下决心的。我去意已决，只是她还在做困兽之斗。我女朋友向来有点神经质，我不知道该如何启齿。我担心弄不好，事情会更糟糕。

【情境 2】来访者是一位不满父亲管教的青少年。

【情境 3】一个即将去求职面试的毕业生对此很担心。

姓名_____学号_____

第十八章操作练习

【情境1】

来访者，男，18岁，高中毕业没考上理想的大学，自己想在社会上拼一拼，而父母坚持要他复读，说没有知识和文凭在社会上是无法生存的，而他自己也有些犹豫。

1. 两人一组，一人扮演咨询师，另一人扮演来访者。咨询师对来访者咨询时，请使用空椅子技术及前几章所学技术，并且全程录像。

2. 讨论咨询师使用空椅子技术的效果。

3. 角色互换，重复以上步骤。

（一）期中模拟咨询（给定材料的角色扮演）

1. 脚本

2. 反思

（一）期中模拟咨询（给定材料的角色扮演）

1. 脚本

（二）期末模拟咨询（自选材料的模拟咨询）